U0155558

[日] 竹井梦子 / 著

陈　玮 / 译

SPM
南方传媒　　花城出版社

中国·广州

图书在版编目（ＣＩＰ）数据

一切不是体形的错 /（日）竹井梦子著 ；陈玮译.
— 广州 ： 花城出版社，2023.3
ISBN 978-7-5360-9880-0

Ⅰ．①一… Ⅱ．①竹… ②陈… Ⅲ．①减肥 Ⅳ.
①TS974.14

中国国家版本馆CIP数据核字(2023)第029351号

合同版权登记号：图字 19-2022-185 号
Zenbu taikei no seinisuru no wo yametemita。
Copyright © Yumeko Takei 2021
All rights reserved.
First original Japanese edition published by DAIWA SHOBO Co., Ltd. Japan.
Chinese (in simplified character only) translation rights arranged with DAIWA
SHOBO Co., Ltd. Japan.
through CREEK & RIVER Co., Ltd. and CREEK & RIVER SHANGHAI Co., Ltd.
（为方便读者阅读，本书最大限度保留了原版书中的版面设计。）

出 版 人：张　懿
插 　 绘：竹井梦子
日版设计：APRON（植草可纯　前田步来）
责任编辑：刘玮婷　蔡　宇　徐嘉悦
责任校对：袁君英　李道学
技术编辑：凌春梅
装帧设计：小　斌

书　　名　一切不是体形的错
　　　　　YI QIE BU SHI TI XING DE CUO
出版发行　花城出版社
　　　　　（广州市环市东路水荫路 11 号）
经　　销　全国新华书店
印　　刷　深圳市福圣印刷有限公司
　　　　　（深圳市龙华区龙华街道龙苑大道联华工业区）
开　　本　880 毫米 × 1230 毫米　32 开
印　　张　6.125　2 插页
字　　数　100,000 字
版　　次　2023 年 3 月第 1 版　2023 年 3 月第 1 次印刷
定　　价　45.00 元

前言

两万人参与的
调查问卷

你为什么要减肥？

想走桃花运。（kaoru）

周围的女孩子个个又苗条又可爱，自己却难看而显得格外显眼（mi）

和身材好的男朋友走在街上感觉很累！（haru）

有三名上司对我说"你是不是胖了"。（小红帽）

比我个子高的女孩子却比我瘦。（蜜瓜苏打）

有陌生大叔说我是相扑选手。（runa）

和我身高体重一样的人成了减肥教程里"减肥前"的示例！（kusunoki）

体重会通过具体数字表现出来。（jin）

进入初中，有了校服之后，第一次发现自己和周围人的身材不一样。（haru）

亲戚聚会的时候，伯父对很能吃的孩子说"小心变成绵子这样哟"。（绵子）

觉得瘦下来就能变可爱，就能拥有自信。（mi）

心存好感的人对我完全没有兴趣。（苹果）

被人背地说闲话。（hatch）

对喜欢的人开玩笑说"如果我能瘦十公斤就和我约会吧"，而他竟然同意了，于是燃起了斗志！哈哈！（nana）

希望能随心所欲地网购，不必顾虑衣服的尺码！（KAEDE）

看到别人给自己拍的照片，心里会想"原来我在别人眼中是这样的啊，真是没眼看"。（rina）

别人跟我说再瘦一点会更好！（koana）

因为胖到双眼皮都不见了。（hanben）

因为胖，班级里的男生一直对我冷嘲热讽。（rika）

为了参加半年后的成人典礼，从上周开始减肥。打算照自己的节奏继续下去！（yuimaru）

想把可爱的衣服穿出可爱的风格。（monamikorin）

为了和男朋友一起去游泳池！（moritei）

看到别人偷拍的自己的照片，被吓到了。（MOPPI）

想变得可爱。（nonnon）

希望自己能成为令人向往的女性！（puyo）

因为腿太粗，感觉自卑。（mingo）

听到体重比我还轻or和我体重差不多的女孩子说"不瘦不行啊"，心里就会想"不瘦真的不行吗"。（青花鱼）

不想再给周围的朋友们当陪衬了，想拥有自信。（kae）

和朋友一起走在街上觉得自己很难堪。（sayaka）

因为男朋友说"原来你这么胖的啊"。（yumemoko）

希望穿紧身衣时能显得漂漂亮亮的。（rururu）

洗澡的时候不经意看了自己一眼，发现肚子鼓起来了。（rin）

量衣服尺寸的时候阿姨说我"体格真不错啊"。（心理年龄五岁儿童）

想像在Ins上看到的女孩一样有个好身材，穿什么衣服都很好看。（yui）

照片里的脸很圆，洗澡的时候还能捏起肚子上的肉。讨厌这样的自己。（yuuka）

喜欢上比自己大一岁的学长，想变得可爱！（FLEUR）

觉得瘦下来的话或许能变得可爱一些。（gg）

或许是为了要变强吧。（ans）

朋友曾经随口对我说"你瘦下来一定很可爱"……（yumii）

照着橱窗里的模特把衣服穿在自己身上，却一点也不合适。（suzuran）

最近胖了，又听到公司的后辈说我总是在吃零食。（kyarikerorin）

看到自己当年还瘦时的照片，觉得那时的自己比较可爱！（mencyan）

有男人跟我说"身为女人，体重超过五十公斤也太离谱了吧"。（CHERRY）

无法喜欢上自己。（晴）

再也不想在试衣间感到沮丧了。（sana）

曾祖母笑着问我是不是有了幸福肥。（miyahono）

因为我有男朋友了！（chii）

去面试时穿的西装太紧了……（RIA）

拿周围人的外表对比了自己。（pipi）

因为只爬了五层楼就喘不上气了。（yukino）

为了提高自我肯定感。（yuyu）

身边的人都又苗条又好看，我很羡慕。（pin）

因为拍照的时候笑出了双下巴。（ramii）

因为想让那个人回心转意。（yuru）

从懂事起就有男生嘲笑我是"肥猪"，即使上了初中换了新环境，这种情况也没有改变，于是我意识到，要想摆脱这种状态，就只能改变自己。（律花）

穿起当年最喜欢的短裤，总觉得见不得人。（sincyan）

因为有人问我"明明吃得不多为什么还能这么胖"。（mochimi）

因为失恋了。（hana）

看到了和朋友的合影，发现自己有多胖。（ari）

我想瘦下来，改变自己的人生。（zumi）

照镜子时发现自己有双下巴。（piyoko）

为了去偶像的见面会。（saki）

因为要去参加一辈子只有一次的成人典礼。（hinacyaso）

我要在成人典礼上让初中时期那些欺负我的人明白自己的有眼无珠。（kuma）

一直都在减肥，早就想不起当初减肥的契机了。（nanana）

家里人跟我说："被欺负的人也有问题，你看你的体形……"（yuki）

体重达到了过去的巅峰值。（non）

无论如何都想在大学的最后一个夏天穿上比基尼。（nibu）

想让自己变得自信。（suu）

在YouTube的广告上看到"胖女不算女人"这样的内容。（小叶子）

跟自己年纪差不多的网红个个都是小脸，和她们一比就显得很悲哀。（CANDY）

在公司里摘掉口罩，有人问我"你的脸是不是变圆了"。（kaede）

之前在国外留学，回国后和周围的人一比，发现自己比其他人都胖。（miruko）

听到有人跟我说"咦，你怎么突然有小肚子了"。哭哭。（miku）

因为得知自己喜欢的偶像正在努力节食。（sonu）

一年胖了七公斤，男朋友叫我"哆啦A梦"。（keiko）

致在减肥中略感痛苦的你

减肥——即便是现在，无论是听到还是看到这个词，依然会令我心头一紧。一年前的我正处于减肥狂热期，整个人都被困在减肥的怪圈里。

"咦，你是不是圆润了一点儿？"

我的减肥工程就是从这一句话开始的。我在短时间内成功地大幅减重，于是开始将自己的经验发到Instagram[①]上，收获了大量的粉丝。

我希望能得到更多认同，想要更多人体会那种"瘦下来之后便拥有了自信"的感觉。为了达到这个目的，我必须瘦下来……

于是我开始了严格的饮食管理和运动，不知不觉间被"瘦"字牢牢困住，当有所察觉的时候，我的半只脚已经踏入了进食障碍的深渊，还失去了"开心""快乐"之类的情感。我感兴趣的事情只有三件：要吃什么，瘦了多少，怎样才能多瘦一些。那段时间，我每天都过得非常艰辛，非常痛苦。

或许大家会想：既然这么痛苦，那就别减了呗。

可是，对当时的我来说，最痛苦的并不是减肥，是"停止减肥"这件事。

[①] 一款支持多平台应用的社交应用程序，可供用户上传，分享照片，故称"照片墙"。年轻人之间简称为"Ins"。

因为我会胖——比起死亡，肥胖更可怕。

那么，已经从那个泥沼中爬出来的我，如今会打从心底里觉得"内在美比外表更重要"，或者"不瘦的我也很美丽"吗？

答案或许是否定的。但我认为，能够做出肯定回答的人，一定不多。即使理性上明白这个道理，感性上仍然是不认可的。世界上大部分的人应该都是这样的吧。

这个社会早已被"瘦等于美"这种价值观渗透了，我在其中不断挣扎，同时也想着，如何以一个努力爱着"自我"的人，去温暖和我一样饱受痛苦的他人。要是能或多或少地挽救一些人，那就最好不过了。

于是我将自己残酷的减肥经历，将那次经历中所感知的想法，还有关于"什么叫美？什么叫爱自己"这个问题的思考，都尽心尽力地写在了这本书里。

希望这本书，能让你发现只属于自己的美。
希望这本书，能让你更爱自己。
希望这本书，能让你产生"不后悔做自己"的想法。

但愿我的心声能够传递给正在看这本书的你。
谢谢你与这本书的相会。

竹井梦子

Contents

目录

第一部
自从别人问我"是不是胖了"，
我都经历了什么？

Story 1

Story 2

Story 3

后　记

※ 本书并非记录进食障碍的自传，也不是要告诉大家如何治疗进食障碍。

第一部

自从别人问我『是不是胖了』，我都经历了什么？

一看到苗条的女孩，我就会觉得很难受

9

升上初中之后，我来月经了，身休也随之逐渐发生变化。

我吃多少，体重就增长多少，全身也变得圆润起来。

脖子很短

肩膀很宽

腰也很粗

再加上我天生骨架大，所以整个人看上去就显得比较丰腴。

种种因素之下，我越来越为自己的身材感到烦恼。

这次体重增加，
是因为进入大学之后，
我的生活规律
被彻底打乱了。

虽然吃的东西不算太多，
但我总是很晚才吃饭，而且吃的是便利店的快餐，
结果体重增加了两公斤左右。

早

豆奶

奶酪

面包

中

零食

软糖

HARIBO

三明治

雪糕

酸奶

嗯—

拉面
(乌冬面之类的)

晚

7

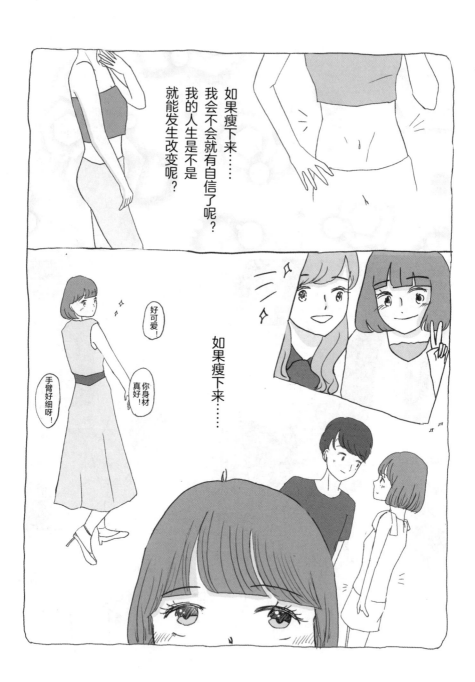

有你做女朋友真是我的骄傲！
你瘦下来之后变得好可爱啊！
我的男朋友小K也一定觉得我瘦下来更好看吧！
还有……
起身
好吧……
22:34
Instagram
diet_didiet
胖子没有人爱
滑动屏幕，立即变瘦。
胖子没有人爱?!?!#胖子，快点变瘦

开始减肥！

我想改变自己！
我想变瘦，想拥有自信！

就这样，我开始了人生第一次认真的减肥行动。

如果时光能够倒流，我由衷地希望能够回到那个时候。

模特们的体重都好轻啊。

从小认为，"瘦等于美"就是"真理"

回想起来，从小学的时候开始，我就认为"瘦等于美""胖等于丑"是"真理"。

为什么我会把它们当作真理呢？可能是受电视广告的影响，也可能是在过年走亲戚的时候，从大人们的对话中学来的。总而言之，我一直坚信这是世间的"真理"，从未怀疑过。

小学的时候曾经发生了一件事，我到现在都记得很清楚。

那是某天在学校吃午饭的时候。我碰巧看到了在班上和我玩得最好的女孩子在跟那天负责打饭的同学说悄悄话。她说：

"帮我打半碗米饭，不要土豆炖牛肉……"

我很好奇，就问她原因：

"为什么你只吃那么一点啊？"

"因为我在减肥。"

我从来没觉得她胖，所以听到这句话时非常惊讶。

"咦，减肥？减肥不是胖的人才做的事吗？"

"我最近重了好多！要想变可爱，就必须减肥！"

小学生就减肥？可能有读者会感到惊讶，但对女孩子（我不想特指，但相对而言，这种情况还是女性居多）来说，从这个时期开始，"减肥"这个选项就明确存在了。

进入初中之后，随着女孩子爱美之心的觉醒，她们会开始购买时尚杂志，而杂志上会有"瘦身特辑"，并且不断地跳出"模特的身材尺寸大揭秘！""○○（模特名）突然发胖?!""两周就能瘦下来！"等字句。

青春期是一个会过分在意他人目光的时期，这些话对于那个年纪的我来说，影响非常大。

"不瘦下来就不好看""之所以会胖，就是因为没有自我管理能力"……

我钻进了牛角尖。而陷在这个牛角尖里的人，绝非我一个。放眼望去，班上总是有人在减肥，这已经变成了一种常态。

一切的一切都是体形的错

　　我的身材焦虑发生在高中一年级的时候。上了初二，我来了月经，身体开始变得圆润，明明个子没长，体重却涨了许多——说是涨了许多，也不过四公斤左右。这对于青春期的人来说是一个正常的变化，涨个三四公斤完全不成问题。

　　可是当时的我不认为这是"正常的变化"，只觉得是"自我管理做得不到位"。

　　或许是零食吃太多了，或许是吃得比别人多，或许是意志力薄弱……我下意识地想了许多。

　　同时，周围的人也没有放过这些发生在我身上的变化。

　　见到好久不见的亲戚时，对方会对我说"你真是圆乎乎的呢"（可能对方的意思是说我变得圆乎乎很可爱）；朋友以前会对我说"你好高呀""你好苗条啊"（我身高164厘米），在不知不觉间也变成了"你块头好大啊""你好壮啊"。每句话都让我厌烦不已。

　　一旦认定体形是令人自卑的，就会永远陷入恶性循环。

　　无论是人际关系处理得不好，学习成绩总上不去，还是在社团活动中不像其他同学那样招前辈喜欢，去逛街也买不到合适的衣服，一切的一切，都是体形的错。因为胖，所以没有自信，所以无法喜欢自己，所以认定"只要瘦下来，一切都会变好"。

就这样，我对自己下了一个诅咒。

我的高中生活无时无刻不伴随着减肥。

从那之后，我过上了"减下两公斤反弹两公斤"的减肥生活。

真的是微不足道的事

正如这本漫画开头所写的那样，直到今天，我对那些评价我体形的言论依然记忆犹新。不光是否定的话，相对比较肯定的话我也都记得。但这些不是我想记才记住的，大概是因为，我的大脑将它们视为了"与重大话题相关的言论"。

在大学的迎新会上，有人对我说："虽然是个女孩子，但你长得可真够壮实的啊。"

我跟朋友说了"我要减肥"，对方回答："那就减呗。我是觉得你现在正好啦，不胖也不瘦。"

在打工的地方，一位比我年长的女性前辈对我说："你脸上的肉真的好多，腿却很细呢。"

过年的时候，亲戚对我说："你和堂妹站在一起，就跟减肥广告一样呢！一个是减肥前，一个是减肥后。因为你俩身高和发型都很像嘛。"我当然是"减肥前"的那个，被称为"减肥后"的堂妹身材则非常苗条。

在那些人看来，他们这些话都是无心的，甚至微不足道的。我想，他们只是把自己真实的想法说出来而已，有些人可能根本就没有恶意。

但是，这些话会变成导火索。

我真正开始减肥，是在大学二年级的时候。起因还是微不足道的事，就因为很久没见的高中时代的朋友对我说了一句话：

"咦，小梦。你是不是胖……圆润了一点？"

基于令人兴奋的新生活、尚不熟悉的课程等方方面面的原因，我的身材焦虑原本是略有沉寂的，但这句话将它唤醒了，让我产生一种强烈的意识——"果然，我不瘦不行"。

我觉得有过减肥经验的人应该会对我的心情产生共鸣吧？减肥的契机真的就是一些微不足道的事情。

至少要确保吃得营养哟！

今天吃什么呢……

正式开始减肥之后，我平时大多是自己一个人吃饭，可以自由控制饮食。

早

杏仁　1/4 苹果

蔬菜汁

首先，我决定在社交网站上查找减肥信息，同时减少自己的食量。

沙拉鸡胸肉　烟熏

100kcal

便利店沙拉

或者

魔芋面

晚

这么吃当然会饿，于是我就靠缓慢饮用苏打水来熬过这段时间。

伊，你不吃饭了？

吃过了。

我不想因为不吃饭而受到家人或男朋友的责备，所以我总是装出一副吃饭很规律的样子。

我怎么觉得……你瘦了？最近有没有好好吃饭？

当然有啊！我吃得超多的，你都想象不到！

是吗。

那就好。

强行将沙拉鸡胸肉变成爱吃的食物

现在想想，当初我是怎么用那种禁欲的方式将减肥坚持下来的呢？就像是处于一种类似"减肥亢奋"的状态，又有点像是被施了"如果瘦不下来，人生就会完蛋"的诅咒。

漫画上的内容，就是发生在我身上的第一次"正式"减肥。

我先是在网上和SNS上随便收集了一下情报，然后决定节食。我不选择运动，只选择节食，是因为大学的课程、小组活动及补习班的兼职等事情太多了，忙得我没有时间去运动。

总之，我希望能简单快速地瘦下来，于是让自己的饮食生活发生了巨变。

早饭吃水果、蔬菜汁和含少量脂肪的食物（如坚果和奶酪），午饭吃的是在大学食堂买的鸡胸肉沙拉，并且吃的时候要尽量慢，经过充分咀嚼再咽下去。

其实我不怎么喜欢吃鸡肉。

可是，（当时）靠美出圈的偶像——"乃木坂46"的白石麻衣小姐，在接受杂志采访时说过这样一句话："原本我是非常讨厌吃番茄的，但是番茄可以美容，所以我也想办法让自己喜欢上它了。"当我看到这句话的时候，心想："那我也想办法喜欢上沙拉鸡胸肉吧，权当是为了减肥。"所以每次吃的时候，我都会对自己说"真好吃啊""我喜欢这个味道"之类的话。

大概是因为这样，沙拉鸡胸肉现在已经成了我巨大的心理阴影。

在吃晚饭之前的时间里，如果饿得难受，我就用苏打水和无糖柠檬水灌饱肚子，而晚饭就吃便利店的魔芋面。如果哪天打工忙到很晚，那下午五点左右，我就吃个酸奶和水煮蛋，打工结束后就忍饥挨饿，什么都不吃。

明明过着如此极端的节食生活，当时的我却觉得很幸福。

"我很努力"。

"能够忍住自己的欲望，我真了不起"。

在那种不吃东西，以及不吃东西导致的空腹感中，我获得了一种自我肯定。

"为自己服务的衣服"变成了"为衣服服务的自己"

"无论如何,我就是想瘦"。

这个愿望的推进源于那种"瘦下来就可以穿可爱衣服"的想法。自从产生了身材焦虑,每当我去逛街,都会对自己厌恶得不行。

有些上衣的袖子带着花边,会突显肩宽,让整个人看上去很壮硕,而修身的连衣裙又会让人一眼看到厚实的后背,紧身衣裤更是没法穿。这么一来,我能够选择的衣服自然很有限,摆在我面前的选项实在是太少了(当时的我一心这样认为)。

即便如此,有些时候我还是会觉得"这件衣服好可爱!说不定会很适合我",于是喜不自禁地拿着衣服进入试衣间,可一看到镜子里的自己便绝望了。

明明觉得那是一件可爱的衣服,其实完全不可爱。这是为什么啊?哦,我懂了,原来难看的不是衣服,是我自己……

然后就下定决心:"我要瘦下来!"

我的逛街活动基本就是这样循环往复。

正因为如此,我才渴望瘦下来,希望穿上可爱的衣服,人也能显得可爱。我想拥有一个不需要做任何隐藏的身材,一个不必感到羞耻的身材。可以的话，我希望能让别人觉得我"很会穿衣服"。

衣服这种东西，原本应该是为了保护自己的身体、装扮自己的身体、"为自己而存在"的事物吧。可是不知不觉间，我变成了"为衣服而存在"的人。我在努力让自己去配合衣服。

那些让我觉得把衣服穿得很漂亮的模特，个个身材纤细，商场的假人模特身材又与我相差甚远，一般商店里卖的衣服尺码都比较适合瘦子（即使是L码，穿着也会很紧）。

所以我在脑中想象穿上它的样子和我实际穿上它的样子，二者之间的"差距"才会非常强烈。其实这明明只是一种很纯粹的"差别（不同）"，对我来说，却完全是一种"落差（觉得自己不如别人的想法）"。

一开始，越是限制就瘦得越多

从高中时代开始，我的生活就多了"减肥"的陪伴，但当时我的饮食是由母亲一手包办的，所以我并没有采取过度的节食行动，最多就是每次都会倒掉饭盒里的甜点，或是放学后忍着不买零食吃。我认为这样的饮食生活算是非常正常的。

开始正式减肥之后，我在两个星期之内减掉了三公斤。
看到体重秤的数值每天往下降，真的非常有快感。

原本我的打算是如果两个星期内能减一定的重量，后面可以慢慢来。但我想体会更多的快感，于是取消了这个计划，决定继续节食。

为了让自己尽量感觉不到饥饿，我把自己的日程表安排到满得不能再满，把自己变成了一个忙得团团转的陀螺，因为一闲下来，我就很容易感到饥饿。只不过，和朋友或是家人一起玩的话，势必要在外面吃饭，所以日程表里没有这样的安排，基本上是一些我自己埋头苦干的事情。

在坚定决心这一点上，我选择使用社交网站。我在推特和

Instagram上搜索了"减肥的动力""减肥前后"等话题，看到许多减肥成功者的照片和故事。那上面充斥减肥后的美好，比如"减肥是最成功的整容""瘦下来就会发现自己的世界发生了多么大的变化"。看到这样的经验之谈，我就会想象"如果我也能瘦下来会是什么样子"，借此扼制自己的食欲。

体重顺利地往下掉是一件非常有快感的事情，即便现在回想起来，我也基本上没有什么"痛苦"的感觉。在饿到受不了的时候，我会告诉自己"脂肪现在正在减少""我居然挨得住饿，简直太了不起了"。

这样的生活过久了，导致我手脚冰凉的症状进一步恶化，痛经的情况也越发严重了，但当时无知的我并没有发现这些问题都是由减肥带来的。

"你好像瘦了呢"是至高无上的夸奖

"咦，梦子学姐，你是不是瘦了？"

这句话我至今难忘。那是我开始减肥大概瘦了九公斤的时候，在大学图书馆碰巧遇到的一位学弟说的。

我当时的心情简直上天了！"开心""幸福""骄傲"等情感充斥了我的内心。

减肥结束后，我听到了许多"我怎么觉得你变可爱了""你瘦了吧""你可真高挑啊"之类的话，这些都让我觉得无比开心，觉得这些都是至高无上的夸奖。

啊啊，这不就是推特和Instagram上所写的那样吗！世界变了。我的自我肯定感大大提升，逛街时的"痛苦"骤然变成了"快乐"；就算被朋友偷拍，镜头里的我也不会显胖；在与人对话的时候，也有了直视别人目光的勇气。我真的努力了。我真了不起。

这些情绪绝对不是负面的，即便是现在，我也依然这样认为。"有幸福感"是一件非常棒的事情。可是放在我身上，不，应该说放在大部分减肥成功者的身上，**这种"幸福的状态"恐怕都不会持续太久**。

有的读者可能觉得不理解，我会在本书的后半部分跟大家详细讲述原因。

这次的成功经验给我带来了两种感情。

一种是纯粹的"高兴"。

我努力去做了，于是得到了结果，得到了周围人的认同。这令我心情舒畅，很自豪，很高兴。

另一种大家可能会觉得很意外，是"恐惧"。

一旦我再胖起来，就会被人当成"丑八怪"；一旦我再胖起来，我就会由"高挑"变回"壮硕"。无论如何，我绝对不能胖，必须永远保持苗条。恐惧造成的"臆想"甚至让我产生了一种强烈的想法——"就算是死，我也不能胖"。

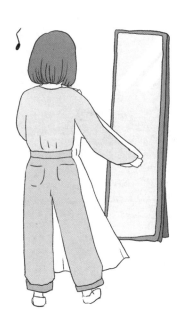

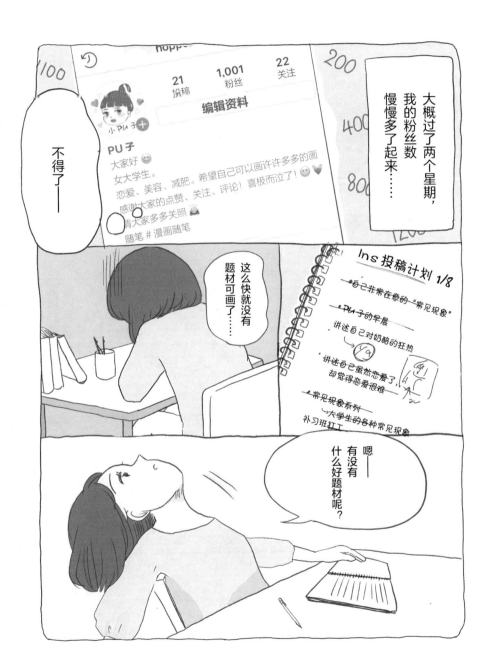

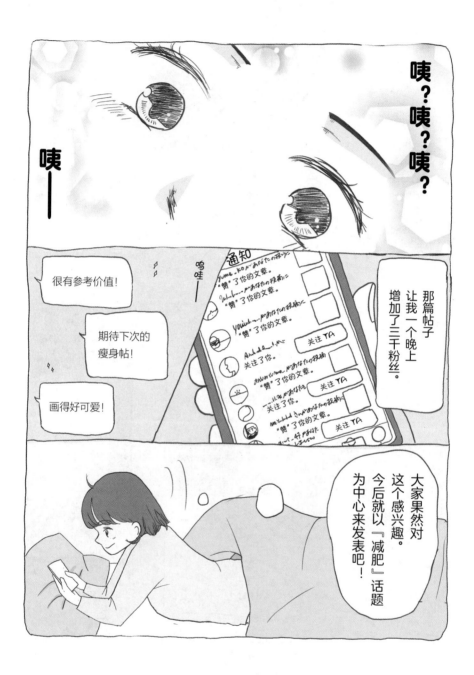

当我月瘦五公斤时
PU子
我曾做过的事①
每周将三至五天的午饭换成沙拉鸡胸肉！
周一至周四
可以毫不费力地吃完罗森、全家、7-11等店的“烟熏”味沙拉鸡胸肉。
还可以饱腹。
周五至周日
和好友一起吃饭！
这天的早饭和晚饭会吃很少。
摄入热量在800大卡以下。
サラダチキン
超优秀
即使吃下一整块，
也才100-120大卡！
如果12点吃，
可以保证5个小时不饿
我曾做过的事②
我超级超级超级喜欢吃甜食！
其中最喜欢的就是星巴克，
即使是在减肥期间
也非常想喝……
可是
我给自己定了一条规定，
只有14点到16点期间
可以喝星巴克。
据说这个时间段是
一天之中最不容易发胖的。
三天喝一次星巴克！
我喜欢
抹茶拿铁和
香草星冰乐
我曾做过的事③
杏仁的力量真伟大！
我一天会吃20到30颗。别的不说，肯定会拉很多！（笑）
既能让皮肤变好，又能利于排有百利而无一弊！
因为在意杏仁的卡路里，我曾经停吃了一个星期，
结果有点便秘了。（汗）
可以把杏仁
当作甜点，
淋上蜂蜜一起吃，
非常推荐大家
试试哟
我曾做过的事④
早饭和零食吃水煮蛋。
如果中午只吃沙拉鸡胸肉，那我是肯——定会饿的。
这种时候的救世主就是水煮蛋了。
不仅富含蛋白质，卡路里也很低，
普通大小的鸡蛋80大卡左右！
让水煮蛋变成你的好朋友吧。
推荐
搭配草本盐
×
橄榄油
一起吃。
看起来显瘦的发型
外卷发
耳朵旁边的头发弄出蓬松的效果，配合下巴以下的纤细部分，可以让脸庞看上去很瘦。我梳这个发型的时候，经常听到有人问我：“咦，你的脸是不是变瘦了？”长发的姐妹们可以调整一下发型收缩的位置和蓬松感的设计方式，或者改变烫发的角度。
我的发型是及肩的波波头，
所以就把32mm的发尾卷了190度！
这不是自画像！
外卷发配上A字裙简直神了！

这是《当我月瘦五公斤时》投稿的一部分，当时带有营销目的，一开始的内容基调真的是非常积极向上的。

因为想要丹尼尔·惠灵顿的手表而开始玩Instagram

"你是因为什么才开始玩Instagram的呢？"

在求职面试和接受采访的时候，很多人都问过我这个问题。而每一次，我都会忍着羞耻，坦白地回答对方：

"因为我想要丹尼尔·惠灵顿的手表。"

大二那年的冬天，我在Ins的推荐内容中看到一位随笔漫画博主上传了一张戴着时尚手表的照片。照片的配文写的是："收到了品牌方寄来的丹尼尔·惠灵顿手表！"这件事让我受到了很大的冲击。

"咦，居然是品牌方寄来的?!"

那位随笔漫画家有一万两千名粉丝。

"只要有一万来名粉丝，说不定就能收到手表。"

出于这样的原因，我开始玩Instagram。

一开始我发表的内容都与减肥无关。因为契机是"想要手表"这种一时兴起的念头，所以我都是随便画一些常见的题材、一些图片、一些与食物和恋爱有关的漫画，更新得也很随意。

就在这时，我冒出了一个想法："反正可画的题材都用光了，干脆试着发表自己的减肥经历吧！"于是便有了《当我月瘦五公斤时》。

仅仅是这篇文章，让我对Instagram的态度——不，几乎可以说是让我的人生——发生了巨大的改变。

（顺带一提，后来我果然顺利收到了手表！但不是丹尼尔·惠灵顿的，而是卡斯14这个品牌。我现在也会经常戴。）

减肥帖得到了大量关注

因为没有题材可画了，我就信手将"减肥"的经历发到了网上。

"我的粉丝大多是女性，应该会有不错的反响吧。"

一开始的想法就是这么随便。于是我将自己"成功减重九公斤时的第一个月我做了什么"的内容，整理成漫画上传到Ins上。

发表那天，因为社团活动结束的时间比平时要晚，等我回家之后，再发完帖子，已经是晚上十一点左右了。配文也只是随便写两句话了事，累得倒头便睡。直到第二天早上，我才发现那篇帖子已经火了。

我一如往常地起床，刚打开Ins，就收到了大量的通知。一个晚上，我便涨了三千来个粉丝（这篇文章总共为我吸收到了一万六千名粉丝），获得一万多的"赞"（最终共有三万多"赞"）。

如果是大网红，这两个数字或许是很稀松平常的。但当时的我只有五千来名粉丝，对比之下，这些数字就显得格外有冲击力了。

我意识到，自己在减肥中所付出的努力得到了大多数人的认同，而且我的经验对大家来说是有必要的。这一点让我感到非常开心。

"大家果然对减肥的话题很感兴趣啊！"

这个发现让我有了一种莫名的使命感。

"我得把自己的成功经验分享给大家。"

于是，那个原本以恋爱和日常生活等内容为主的账号，渐渐变成以瘦身帖为中心了。

标准体重也算胖？

叮咚

新邮件
活动邀请函
尊敬的 PU 子小姐,
您好。

嗯,有邮件?
真难得呢……

尊敬的 PU 子小姐:

　　您好。

　　鄙姓高桥,是○○△×股份有限公司的员工,同时也是
PU 子小姐 Ins 的粉丝,已经关注您很长时间了。

　　那么,就请容我开门见山。敝司不日将举办一场谈话活动,
您愿意出席吗?

　　活动的主题是讲述女性的奋斗史,以及日常养生保健的
相关内容,活动时长大概一个半小时。

　　敝司想邀请 PU 子小姐的粉丝,以及敝司的会员,现场
共设置一百来个席位。敝司有丰富的活动运营经验,一定会
办一场令您心满意足的活动。

　　具体的报酬及日期请参见附件。

参加活动！

这正是我想要的！

但是……

此时我的内心有一个烦恼，让我无法向前迈出那一步。

49

51

嘀

从现在起让自己再瘦一些吧。
只要像上次那样，再认真做一次，一定会成功的！

妈妈！我要开始正式减肥了！

推门

在现在这个年代，我这样算是胖的！

咦，没这个必要吧？

你真是不懂啊！其实我很胖的！

咦，为什么？你不胖啊？

减肥？

距离活动开始还有三个月，我要减重六公斤！

于是我查找了许多书籍，对减肥展开了一系列研究。

一摞书

Maki

和上次不一样，这次我要用知识让自己的减肥站得住脚。

不同体形减肥法

好不容易维持了体重

从减重九公斤，到再次开始减肥的这一年间，我好不容易才维持了体重。

为此，我嘴上说着"我可没在减肥"，可实际上过的生活是"一天摄取的卡路里绝对不能超过一千六百大卡"。

在旁人看来，这就是"减肥中"的饮食生活，但对我来说，却是"能够维持不胖的最低限度饮食"。在日常生活中，我从不碰拉面、意面、比萨、芭菲等高热量的食物，在晚上七点之后尽量不进食，看到星巴克的星冰乐新品，第一反应也不再是"看上去应该很好喝"，而是"感觉喝了会发胖"。

在这段减肥的巩固期中，最让我头痛的就是去欧洲留学的时候。大学二年级的春假，我去亚平宁半岛南部的马耳他岛待了一个多月。或许在很多人的心里都有一个算式——"留学=发胖"，我也不例外。更何况马耳他是一个饮食文化十分丰富的国家，这里的美食简直是取意大利菜和西班牙菜之精华。对于热爱面包、奶酪等乳制品，看到甜食就走不动路的我来说，这里简直就是一个"遍地美食"的环境。

出发前，我一边在《走遍全球》上阅读马耳他岛的饭店和留学经历，一边打定了"绝对不能胖""我才不会输给诱惑"等各种主意。然而到了那里，不管是当地的超市，还是咖啡厅，几乎每一样食物都正中我的喜好，简直到了让我惊叹的地步。不仅如此，当地人还会频繁地举办派对，来自各国的室友也几乎每天都会做自己国家的美食来款待大家。

在这个地方，我的内心总在"不想胖"和"想吃"之间摇摆，比身在日本时还要剧烈。面对这种残酷的局面，为了使两个欲望都得到满足，我制定了两个对策。

一个是"早午饭只吃番茄，晚饭好好吃"，另一个是"每天至少走一万步"。

可是这种生活实在是太煎熬了。进食之前的饥饿感，进食之后的罪恶感，我无时无刻不被这两种感觉折磨。大概是因为我的忍耐还是奏效了吧，体重基本没怎么变化，但现在的我非常后悔，因为当时我真的好想痛快地享受"美食"啊。

渴望认同与Instagram

《当我月瘦五公斤时》这个帖子爆红之后大概一年，我的Instagram粉丝超过了十万人。

我从开始玩Ins就一直使用"PU子"这个账号，却从来没有露过脸，也没有暴露自己的年龄与私生活。那个时候，我俨然成了专业的"瘦身博主"，或是将每日食谱和推荐的蛋白粉等内容写在文章里，或是上传"大家一起做的瘦身计划"。

在那段以"网红"身份奋斗的日子里，我一直认为"别人怎么想的我不知道，但我自己是绝对不会这样的"，但现在想想，那时的我真的非常依赖"PU子"这个形象。

其实，"真实的我"根本没有自信，消极内向，无法坚持每天减肥，而且身材一点也不瘦。可是在Ins里的"PU子"，可以努力减肥，积极开朗，受到粉丝的爱戴，也很爱自己……

当下，敢于在YouTube[1]和Instagram上"展现真实"的人似乎更容易让别人产生好感。比如长相可爱的艺人的素颜、不带任何掩饰的晨间日常，以及公开自己的体重。

当时的我可不敢做这些事。我只公开了自己优秀的一面或是努力的一面。虽然"真实的我"是一个废物，但那个由我的优点凝聚而成

---

[1] 一个让用户分享影片或短片的视频网站，俗称"油管"。

的"PU子"，却能够得到大家的肯定……

到头来，我的自我肯定是由"PU子"形成的，并且只能寄生于"PU了"存在的Ins上。

我发布的帖子所收获的"赞"和"收藏"数量，充其量只是一串数字，却被我视为个人的价值，一心只想追求这些。于是渐渐地，我的帖子内容由"自己想写的东西"，变成了"粉丝需要的东西"。

不仅如此，"真实的我"与"PU子"之间的关系也变得僵硬起来。关于这部分，我将在后文详细说明。

标准体重也算胖?

关于标准体重，你有什么看法呢?

一般来说，"标准体重就是指统计上公认的理想体重，既不肥胖也不消瘦，在一定时期内的死亡率与患病率明显偏低，能够以最健康的状态投入生活"。从含义上来看，标准体重是正面的、令人高兴的词。

可是，当时的我，还有其他众多正在减肥的人并没有把标准体重当作一个正面的词。

在最开始减掉九公斤的时候，我一百六十四厘米的身体由"微胖"变成了"标准体重"。当时我还没有玩Ins，也没有过分沉迷减肥，所以可以肯定自己的努力，认为"能减下这么多，我真是太厉害了"。可是自从我开始玩Ins、瘦身帖一炮而红，并开始专门发这种内容之后，我的价值观一下子就变了。

为了给自己要发的文章提供参考，我开始浏览其他瘦身博主的帖子和YouTube上的视频，结果发现——除了"标准体重"之外，还有"美容体重"和"灰姑娘体重"，而后两者更应该列为目标。

人人羡慕的网红们都是"灰姑娘体重"，而一些忧心日本人有"消瘦倾向"的人却把这个数值称为"营养不良体重"。

更让我震撼的是，当标准体重的人发了"减肥成功"的帖子，下面的评论几乎都是这一类："这不就是标准体重嘛""明明体重很有分量，脸上却一点也不显胖，真让人羡慕"。

"标准体重"一点也不美，必须再瘦一点，不然简直没法出来见人。

当时的我就是这样想的。

"仔细想想，杂志上那些模特和女明星根本没一个是标准体重啊，不都是灰姑娘体重嘛。"

我以一个奇怪的角度去接受了这个现实，这种认同感也进一步强化了"不是灰姑娘体重就不好看"的想法。

限制脂肪

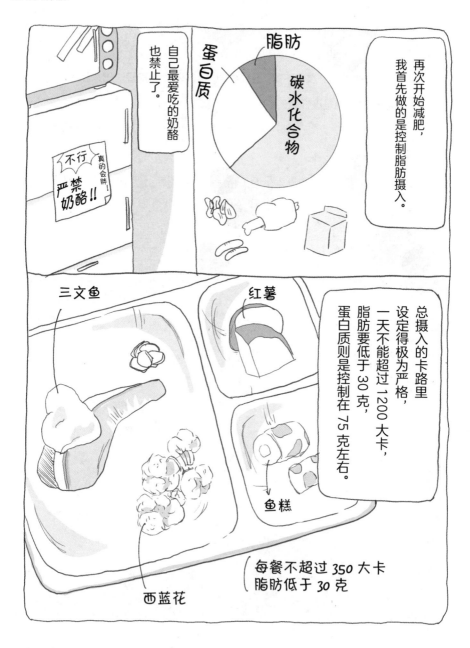

再次开始减肥，我首先做的是控制脂肪摄入。

自己最爱吃的奶酪也禁止了。

不行 真的会胖！
严禁奶酪!!

脂肪

蛋白质

碳水化合物

总摄入的卡路里设定得极为严格，一天不能超过 1200 大卡，脂肪要低于 30 克，蛋白质则是控制在 75 克左右。

三文鱼

红薯

鱼糕

西蓝花

每餐不超过 350 大卡
脂肪低于 30 克

晚上七点以后不吃任何东西。

掌握了数据类知识之后，我便把每天的摄入量贯彻得更为彻底。

减肥

PFC 平衡

P= 蛋白质
体重 × 1 ~ 1.5 倍
→ 125g?
F= 脂肪
今天 25 克以下
C= 碳水
今天大概 100 ~ 130 克？
小麦

甚至彻底到让周围的人都觉得我不正常了。

大学上课前

中午吃什么？

去便利店吧？

便利店

好。买了带去教室吃吧。

这个新品看上去好好吃。我就买这个了。

欢迎光临！

丁零
丁零

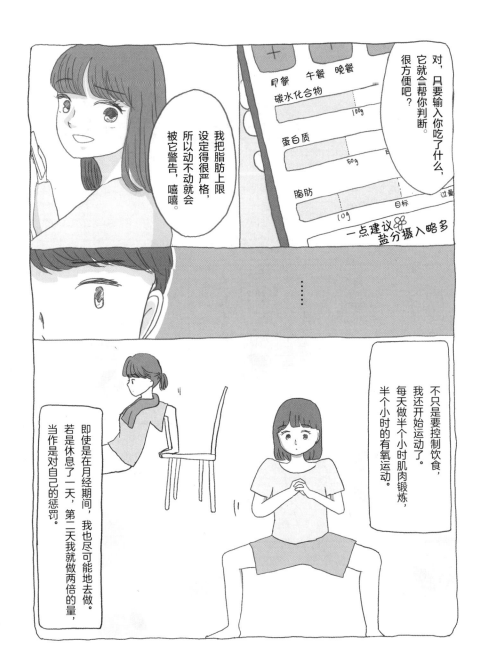

对，只要输入你吃了什么，它就会帮你判断。很方便吧？

我把脂肪上限设定得很严格，所以一动不动就会被它警告，嘻嘻。

早餐　午餐　晚餐

碳水化合物 100g

蛋白质 50g

脂肪 10g　目标　过量

一点建议
盐分摄入略多

. . . . .

不只是要控制饮食，我还开始运动了。每天做半个小时肌肉锻炼，半个小时的有氧运动。

即使是在月经期间，我也尽可能地去做。若是休息了一天，第二天我就做两倍的量，当作是对自己的惩罚。

① "合"为市制中计量液体和干散颗粒容量的单位，1合＝0.1升。

啊，好想吃啊。

想吃甜甜圈，想吃油炸食品。

啊，也想吃冰淇淋和面包。

啊啊啊——肚子好饿。

好想吃东西好想吃东西。

这段时间，我每天都会在睡前看YouTube上的大胃王吃播视频。

好想快点瘦下来……

等我瘦下来就去吃意面和比萨……

满脑子想的都是『瘦下来之后我想吃什么』。

薯片

不管怎么说一定要

"小脸"

要让别人对你说：
「咦，你的脸是不是变小了？」

正好这段时期，我在 Ins 上发表了一篇文章（这是封面图）。现在看来，"不管怎么说一定要'小脸'"这个标题，就包含了我"必须瘦"的强烈意志。

不看成分表就吃不下去

花五个月瘦了九公斤那会儿，我只是懵懵懂懂地跟着网上查来的资料去做，但自从我成为网红并决定再次减肥，就埋头苦学起这门"学问"。

我阅读了二十多本减肥书籍，在网上到处搜索评论，自产生身材焦虑的高中时代起，到现阶段的饮食和运动，都被我拿来分析，找出做得不好的地方。最后发现，虽然我基本上没怎么吃拉面、意面和白米饭，却摄入了很多乳制品、甜食、沙拉（油性酱料）和鸡蛋。也就是说，没有摄入太多糖分，但摄入了许多脂肪。"原来我是因为脂肪才胖的"——得出这个结论的我开始尝试在社交网站上看到的"控制脂肪减肥法"。

130克左右的糖，30克以下的脂肪，75克左右的蛋白质，我把这些数字均衡地分配到三餐中，将一天摄入的卡路里控制在1200大卡以内。吃完就打开应用程序，把酱料和汤水里包含的食材一样一样仔细地记录下来（脂肪对女性来说是尤为重要的营养元素，所以这样的限制是不健康的，请千万不要模仿）。

去大学上课的日子，我的午饭基本都是在便利店解决的。

对我来说，在便利店买食物是每天的重要活动。

一进便利店，我就开始挨个儿检查食物的成分表。

"脂肪含量少，但不能饱腹""蛋白质丰富，糖分也少，但脂肪含量太高""脂肪含量和糖分都很低，但蛋白质不够"……我一边高速转动大脑，一边选择自己该吃什么。我每次买食物都要花十到二十分钟，感觉有些对不起便利店的员工。

当时的我，不让自己拥有"思考想吃什么的权利"。因为我只能选择低脂肪、高蛋白且能饱腹的东西。对我来说，挑选食物就是这样一项单调的"工作"。

想必有些人会觉得我这是"极端的例子"吧，事实上，像我这样的人真的很多。

减肥给我带来了"易胖体质"

"如果在短时间内急速减肥，会变成易胖体质"。

我想很多人都知道这句话吧，尽管大家可能不知道原理是什么。

即便如此，还是有无数人争先恐后地想在短时间内瘦下来。

曾经我也是其中之一。尽管知道在短时间内快速瘦下来是不健康的，但想立即变瘦的欲望过于强烈，所以还是采用了极端的减肥法。而最终造成的结果，就是我变成了易胖体质。

一旦过度限制饮食，身体就会自动做出判断："危险！卡路里（即能量）不足。为了减少消耗，必须切换成节能模式！"于是身体会降低基础代谢，减少要消耗的卡路里，试图维持卡路里摄入与消耗的平衡。由于维持肌肉需要较多卡路里，所以身体会通过减少肌肉来降低卡路里的消耗。

在极端的减肥活动下，我的平均体温变成了35.5℃，痛经越发严重起来，很容易感到疲倦，却总睡不着……不知从什么时候开始，我的身体变成了这副模样。

如果在这种状态下继续节食，又会发生什么事呢？

到那时，不仅身体的不适会进一步加剧，而且减少进食也瘦不下来，整个人压力倍增，精神状态也逐渐恶化……最后陷入这样的恶性循环。

不知道什么信息才是正确的

"早饭吃水果比较好""早上吃水果容易长斑""吃米饭会胖""吃米饭能瘦""思慕雪可以调理肠胃""思慕雪会破坏营养素，所以根本没用""有氧运动是减肥中必不可少的""有氧运动没必要"。

减肥与美容领域中的这些信息在社交网站上交织混杂在一起，每一条都被描写得极端又夸张。

我已经不知道什么是对的什么是错的，也不知道自己该相信什么了。

如果能稍微冷静下来想想，就应该能想明白：水果是有益于健康的，但也含有导致长斑的成分，所以不能吃太多；吃太多米饭会摄入过多卡路里导致体重增加，但它既有营养又能饱腹，只要适量食用是没有问题的。可是，当时一心依赖这些减肥信息的我，已经完全丧失了冷静判断的能力。

所以，我给自己设定了一条规矩——凡是别人说不能吃的东西"全部禁止食用"。

自然而然地，我能吃的东西越来越少，主要就是蔬菜（除了根茎类蔬菜）、鸡胸肉、鸡柳、三文鱼、魔芋、蛋白粉……简直就是惨淡无光的饮食生活。

有一次，妈妈看到我在吃这些东西，说了一句：

"我怎么觉得，你好像在吃饲料。"

我看了看桌上的东西，回了一句"确实……哈哈"。尽管心中有一种莫名的认同感，但当时的我完全没想过结束这种吃饲料的生活。

仅仅一天没有运动

在学习各种减肥知识的过程中，我再次意识到运动的重要性，于是开始进行肌肉锻炼和有氧运动。因为，如果光是节食，肌肉也会跟着一起减少。

每晚九点是我的运动时间。我会跟着YouTube上的视频做半个小时到一个小时的肌肉锻炼，再加半个小时的有氧运动。

我本身并不喜欢运动，尤其不喜欢眼前景色一成不变的运动（比如在室内进行的肌肉锻炼和有氧运动）。不过开始运动之后，起初发生的全是积极的变化。活动身体让我的睡眠质量变好了，"既可以缓解压力，又可以稍微消耗晚餐摄入的卡路里"，这种想法成为我坚持运动的动机。

然而，每天坚持做一个半小时的运动实在太难了，总是有那么一两天"累得提不起劲来"。可是我又觉得，一旦停止运动，脂肪就会瞬间找上我。我不想这样，所以即便没有干劲，我还是不敢休息。

这种时候，我通常会看看那些苗条的韩国偶像的照片，与自己做对比，再看看社交网站上的减肥成功经验，想方设法地鼓舞自己，让自己坚持下去。

有一天，我实在是太累了，心里想着必须起来运动，却不小心躺在沙发上睡着了，一觉就睡到了第二天早上。醒来时，心里别提多有罪恶感了……

　　因为没有运动，我觉得自己身上的脂肪变多了，明明体重没变，却觉得自己胖了，以至于那一整天我都坐立不安。于是当天晚上，我把运动量翻了一倍。

Story 6

心在哀鸣……

我非常非常讨厌这样的自己，也非常非常自责。而我将这种心理归结为自己太丑了，从而让自己进一步陷入焦虑，觉得自己必须快点瘦下来。

这种反差也让我很痛苦。

维持瘦身的动力

只花一点心思就能养成的 瘦身习惯

因为我在 ins 上一直扮演一个活泼开朗、正常进食的人，

生酮饮食？

让你变得超级苗条

生酮饮食 1个月掉 5kg

#减肥#瘦|一个月掉五公斤|生酮饮食真的能瘦！报告

有一天，我在 YouTube 上看到一个词。

碳水化合物 20g

脂肪 100g

蛋白质 75g

生酮饮食指的是
在一定时期内采取
几乎零糖且脂肪含量高的
饮食方式。

糖分被严格限制在
一天二十克以内，
同时需要摄入
充足的脂肪。

〈每 100 克含糖量〉

6.5g

13.5g

25.9g

48.2g

我查了一下，发现好多人都表示
自己用这种方法在短时间内瘦了许多，
有人甚至是两周内瘦了五公斤。

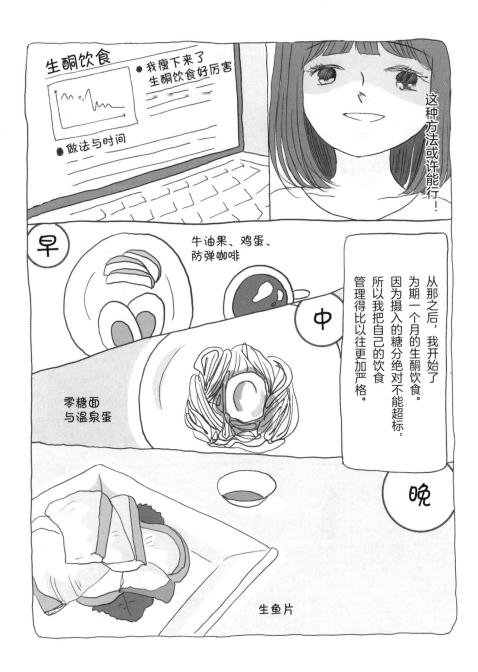

生酮饮食

● 我瘦下来了 生酮饮食好厉害

● 做法与时间

这种方法或许能行！

早

牛油果、鸡蛋、防弹咖啡

中

零糖面与温泉蛋

晚

从那之后，我开始了为期一个月的生酮饮食。因为摄入的糖分绝对不能超标，所以我把自己的饮食管理得比以往更加严格。

生鱼片

不管吃什么，我都要先称一下它的克重。

体重

生酮饮食

生酮饮食开始一周之后，我的体重很快就降下去了。

瘦了两公斤！好高兴，我瘦下来了！

我的身体渐渐开始出现各种不健康的征兆。

早上起床的时候——

天亮了啊……

我真的受够了！

原来我一直在伤害
身边重要的人……

『不瘦不行』这个想法
像牢笼一样将我困在其中，
让我没有余力去顾及重要的人和事……

这样下去不行，我必须改变自己！别减了，别再减肥了！

我想变回正常人，我想正常地欢笑，正常地饮食。

减肥没有正确答案。我真的非常厌恶日本的"消瘦倾向"。回看自己过去的帖子就会发现,那里只存在着我创造的"唯有减肥的世界",还鼓励他人一起减肥……

我不是想否定减肥这件事,在我心中,减肥是"通往幸福的选项之一"。但是,**我不想再发那些仿佛在助长"消瘦倾向"风气的帖子了。我不想增加更多的受害人。**这种想法在我的心里变得越来越强烈。

聊到"减肥"就有点偏题了,我想讲的是身为"瘦身博主"的"PU子"和我之间的关系。

在"Story 4"里,我写了"渴望认同与Instagram",正是"PU子",让我有了自我肯定感。

有家公司因为看到了网红"PU子"的活动,来找我洽谈事宜,我还因此有了经营在线沙龙的经历。

在线沙龙的活动包含每周六次的线上直播,汇报每天的饮食与"美活"①内容,给会员们回信,等等。我做得很专心、很努力,其中固然带着"有钱拿"这个因素,但更重要的,是我希望我的会员们"总之来了就不会感到后悔"。

可是,最开始的一周,我会零星收到一些"不值得花钱""画得真难看""质量太差了"之类的评论,而退会者的评论区也收到了许多恶毒的言语。

因为我不习惯自己本身,以及自己创造出来的东西受到他人的否定,所以当时大受打击,但就算是这样,我还是为了支持我的会员们付出了更多努力。可是渐渐地,我开始害怕打开在线沙龙的应用程序。**"要是今天又被人骂了怎么办"**——这样的恐惧心理也变得越来越强。

---

① 即为了变美而进行的活动。

办在线沙龙的同时，我也提高了Ins的发帖率，还开通了自己的YouTube账号。早上起来就拍照，一整个中午都在编辑，吃完晚饭给Ins发帖、给在线沙龙发帖、写第二天的文章、运动，然后睡觉……

这就是我每天的日程安排。大部分的时间，我都是以"PU子"的身份度过的。

在这种生活开始之前，我过的是真实的"竹井梦子"的日常生活，有小组活动，有求职活动，社交网站上的"PU子"只是其中一个"我"。然而，现在二者之间的地位发生了互换。

毫不夸张地说，我已经不知道自己是为了真实的日常生活而去当"PU子"，还是为了当"PU子"才过着真实的日常生活。我的大脑处于混乱状态，渐渐分不清哪个才是真正的自己了。

最终沦为牺牲品的，是真实的"竹井梦子"。

在线沙龙还给我带来了很大的精神负担，我开始不在乎与家人朋友共度的时光。我的态度变得十分冷漠，甚至与家人吃饭的时候还在忙着写沙龙的稿子。其实我真的很爱我的家人，所以我会责怪这样的自己，但又下意识地依然用冷漠的态度对待他们，明明心里想着，今天一定要带着笑容和大家说话，可就是做不到。我实在是太讨厌这样的自己了。

但当我作为"PU子"的时候，我会受到粉丝的尊敬，会收获许多温柔的话语，会得到自我肯定，所以我没办法放弃这个身份。

这就是一个恶性循环。

有一天下午，我像往常一样，在家里写在线沙龙要用的稿子。不知道为什么，那天我出奇地烦躁，心情低到了谷底。妈妈应该也很担心我吧，所以她问我："别人给咱家送了芝士蛋糕，要不要一起吃？”如果是平时的我，肯定会大叫一句：“真的吗！我要吃！”但当时的我别说是大叫了，连吭都没吭一声。妈妈说了一句“那好吧”，就回了自己的房间，可我受不了自己刚才的态度，或者说，是自己的所作所为让我觉得大受打击，于是号啕大哭起来。要只是号啕大哭倒还好，可我哭着哭着就开始出现过度呼吸，手也跟着抽搐不止。

“咦？怎么回事……”

过了片刻，症状自己消失了，可是我第一次意识到这件事——

“原来我压力这么大啊。”

然后我又想：

“我不想把自己的现实生活破坏得更糟糕了。”

于是，我首先终止了刚刚起步的YouTube事务，然后将在线沙龙办到合约

截止的那天就不再续约了。

当时的我心想：Ins的活动只要悄悄进行就行了。今后我要重视现实生活，把Ins当作自己的一项爱好，不会出问题的。

可是，“PU子”在我体内的分量丝毫没有减轻。因为是“PU子”构成了我的自我肯定。我拥有十二万名粉丝，我区区一介大学生就能运营在线沙龙，我还推出了商业周边的产品……

如果没有“PU子”……我还有存在价值吗……

我感到心烦意乱，最终还是铆起劲儿去经营Ins上的“PU子”。

尽管如此，那个时候的我很害怕打开Ins。

只要打开Ins，我就会看到那些瘦身博主在努力减肥的帖子，还会在私信中收到许多减肥的咨询。再加上当时的我正处于想从“减肥”中脱身的时期，所

以每次打开Ins，我都会害怕得心脏怦怦直跳。

　　有一次我真的有点自暴自弃了，心想"干脆把这个账号删掉算了"，然后突然意识到一件事——

"只要点击一下，就会消失"。

　　原来，只要点一下"注销账号"，我现在紧紧抓住不放的"PU子"就会不复存在。

　　原来，她的存亡全在我的一念之间……这是多么空虚的一件事。

　　一阵强烈的虚无感袭击了我。

　　这个花费大量时间渐渐成长起来的账号是我的骄傲，是我心爱的孩子，但我对它产生了执念，想通过它来维持自我肯定的感觉。这种状态真的是太空虚了。

　　我以为自己明白了，其实根本没有明白。

　　我想珍惜的是现实世界，是活生生的，无法被一个按键消除的经历。比起"PU子的生活"，我更想享受"竹井梦子的生活"——我是打从心底里这样认为的。

　　尽管之前我就有了种种想退出Ins的理由，比如犹豫要不要继续发表减肥相关的文章，开始思考自己与"PU子"的关系，等等，但当我意识到"点击一下账号就能消失"之后没多久，就成功地与"PU子""永别"了。

※摘自我当时所写的"note"

一周后……

哎呀，看到你发消息跟我说「能去」的时候，我真是吓了一跳呢！

因为你最近一直都说很忙，约你吃饭总是约不到嘛。

啊哈哈……抱歉抱歉。

这家的蛋糕可好吃了！

没事的，不要紧。

我之前就超想吃的！

只是一块蛋糕而已，胖不了的……

啪

回神……

啊……
我好像太饱了，
有点吃不下去。

是……是吗？

吓、吓我一跳。

我还是没办法
放弃减肥。

小K

嘟噜噜噜……

喂，
怎么啦？

啾啾

我太紧张了，
一晚上都没睡着。

今天早上
不要称体重。

不称体重，
不称体重……

可是昨天——

吃晚饭时都过六点了，
说不定会胖……

太好了，
体重没涨。

抱歉，我没忍住，
还是称了。

嗯嗯。

没关系的，
别太放在心上。

我一点一点地
从『想瘦的诅咒』
中解脱了出来，
可以不再去称体重，
也可以不看成分表
直接买食物了。

在这段时间里，
身边的人对我的帮助
真的起到了非常非常
非常大的积极作用。

我今天没有称体重，
还和妈妈聊天了！

哦哦！
进步很大啊。

还有，我也戒掉了坏毛病，
不在推特上搜索
减肥前后对比的照片了。

很厉害嘛。
你现在确实是在
朝着好的方向发展啊。

我也这么觉得。

我的恢复期很漫长，
长到小小的一格漫画分镜
都不够画。
而且，这个时期也让我
觉得非常难熬。

puko-hopp

写给大家

人生首次！欺骗日

用蛋白质
从内到外

吃了 3000 多大卡，实在太幸福了。

诊断结果

苹果身材　梨形身材　猕猴桃

回头率
的女孩子们

两个月
改变

在那之后，我结束了『PU子』的一生。

周围的人都说，你有十二万粉丝呢，关掉太可惜了。

但是，做一名瘦身博主更让我觉得痛苦。

停 止 减 肥 的 注 意 事 项

☐　试着不去称体重。

　　首先，停止每天称体重的行为，然后再慢慢减少次数。

☐　逛便利店和超市的时候，试着不去看营养成分表。

　　因为很难控制不去想这件事，所以先改掉"看"的毛病。

　　将自己的注意力放在"我想吃什么""什么比较好吃"这些事上。

☐　尽量和别人一起吃饭。

　　实在不行就去咖啡店或是饭馆吃，减少单独进食的空间。

☐　取消禁止食用的食物清单。

☐　取消在运动和饮食上"非做不可"的规定。

　　不要把它们当作每天的义务。偶尔偷偷懒。

☐　重新重视你的心理健康。

☐　改掉"不小心吃了什么东西"的口头禅。

☐　卸载减肥应用程序。

☐　不再去看Ins的推荐和推特。

不想减肥，想"正常地"进食

尽管我下定决心"不再减肥，像以前那样生活"，但让我惊讶的，是这件事总是做不好。

"放弃减肥是一件很简单的事，能够正常地享用自己喜欢的食物，简直让人开心死了"——我心里这样想，可真正决定放弃的时候，却发现即使自己想像之前那样"正常地"进食，也没办法心安理得地吃下去。

"吃这个会胖。"

"这个糖分有三十克，脂肪也很高……"

"如果像吹气球一样胖起来，不知道别人会怎么说我"。

"我不想胖，我还是不想胖。"

这些想法在我的大脑里来回盘旋，让我拒绝进食。

有一天，男朋友给我买了我最喜欢吃的蒙布朗蛋糕。那一瞬间，我心中冒出的想法是"哇！脂肪和糖分简直爆炸，吃完这个肯定会变成肥猪"。

这个时候，我突然惊觉——

"开始减肥之前的我是怎么想的来着……我是带着什么样的心情去吃蒙布朗的……"

我确切地感受到，"看上去好好吃啊""好吃到幸福死了""谢谢"这样的心情已经在我的体内消失得一干二净。

"我的心瘦了。"

这样的变化让我觉得非常非常难过……

最终，从我决定停止减肥到我能够"正常地进食"，花了三个多月的时间。可是我相信，和其他人相比，我花费的时间还算是比较短的。

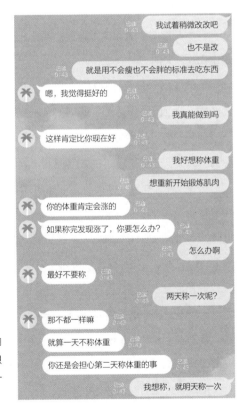

这是我和男朋友当时的聊天记录。一直在纠结"想停止减肥，但又想先称一次体重"。

体重秤依赖症

为了从减肥中脱身，还有一个习惯是必须改正的。那就是"每天早上称体重"。

在减肥期间，清早体重秤上的数字就像是晨间占卜节目一样，会决定我这一天的心情。

如果能减个0.5公斤左右，我就会十分开心，感觉自己身体好像都变轻盈了，也能够温柔友善地去对待身边的人。

如果只减了0.1公斤就不行了，我会觉得"一点都没变啊，我昨天晚上明明都没多吃了"……心情低落得不得了。

可要是涨了0.5公斤以上，那我整个人都要坠入深渊了。有可能是快来月经了，有可能是水分的重量……我会找各种各样的借口来安慰自己，然而都没有用。那一天，就算发生快乐的事情，我只要一想到早上的体重，也会把那份快乐抛到外太空去。

最开始，我一天只称一次体重，但这样会不会测不出自己"吃太多"呢？这种不安的心情促使我开始一天称两次、三次，多的时候，我甚至一天会站上体重秤五次。

正因为自己的心情被体重左右，所以离开体重秤，对于维持自己的心理健康来说是非常重要的。因此我才会决定不称体重，可是……就和吃东西一样，"不称体重"这件事会让我觉得很可怕。"要是涨了怎么办""肯定涨了，我得确认一下"……种种想法占据了我的人脑，让我一次又一次地，忍不住站在了体重秤上。

一天一次，两天一次……我强行慢慢减少次数，直到克服了体重秤依赖症。虽然我现在也会称体重，但最多就是有心情的时候称一下，差不多一两个月才称一次吧。

名为"欺骗日",实为"暴食日"

大家知道"欺骗日"吗?

所谓的欺骗日,就是指减肥过程中,有几天是体重怎么也减不下去的"停滞期",在那些日子里可以故意摄入大量卡路里。

如果摄入卡路里和体重在一定时间内剧烈减少,那么身体就会下意识地认为你处于"饥饿状态",从而减少消耗的卡路里来优先维持你的生命,导致你的代谢能力下降,体重怎么也减不下去。为了打破这个僵局,才有了"欺骗日"。它的原理就是在一天之内摄入大量卡路里,从而欺骗大脑"我没有处于饥饿状态哟,我正在摄入大量卡路里哟"。

欺骗日原本是运动员在减重时采取的一种技巧,通过负重训练等方式,一边维持肌肉,一边降低体脂率。因为不适用于普通人,所以其效果以及对身体的影响向来褒贬不一。可是,最近在减肥圈也兴起了这股浪潮(我个人认为很危险,所以不建议大家去做)。

我也曾经这么试过。因为一天摄入的卡路里很少,"节食"又导致我能吃的东西很有限,所以我的脑中常常充满了"好想吃○○(所有不能吃的食物的名称),好想吃○○"这样的欲望。一旦忍耐时间过长,真的就会满脑子都是这件事。

我就是在这种时候了解到"欺骗日"这个概念。现在想想，它的存在就是为了给我一个正当的理由，让我"可以吃"，但当时的我对"我现在处于停滞期，所以需要欺骗日"深信不疑，便把某一天定为了欺骗日。

　　在欺骗日的前一天，我会兴奋得一夜未眠。到了欺骗日当天，我像是被什么东西附身了一样，将令人瞠目结舌的大量食物塞进肚子里，甚至让我事后怀疑："我的肚子真的装下了这么多东西吗?!"然后一边忍着由于骤然升高的血糖造成的头晕目眩，一边在一天之内吃掉了面包、年糕、意面、牛肉盖浇饭、甜甜圈、蛋糕、冰淇淋……足足摄入了四千大卡的热量。

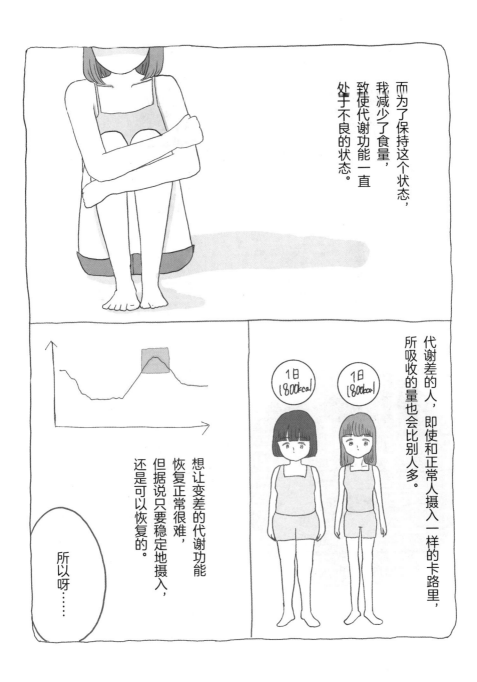

而为了保持这个状态，我减少了食量，致使代谢功能一直处于不良的状态。

代谢差的人，即使和正常人摄入一样的卡路里，所吸收的量也会比别人多。

1日
1800kcal

1日
1800kcal

想让变差的代谢功能恢复正常很难，但据说只要稳定地摄入，还是可以恢复的。

所以呀……

我知道了。我们好久没吃顿好吃的，一会儿就去吧。

所以，我想花两个星期努力试一试。

就这样，我制订了一个两周内恢复正常代谢的目标，开始了每天摄入约一千七百大卡热量的生活。

嗯，谢谢你。

只要不称体重，就不会太在意吃多吃少，大部分注意力都在关注营养是否均衡。

尽管刚开始时会有抵抗心理，但大概从第三天开始，我就可以毫不犹豫地进食了。

117

这些量放在减肥期间
简直是想都不敢想。

有时我会在晚上
九点左右吃个冰淇淋。

也曾因节食的反噬作用
而忍不住暴饮暴食。

在运动方面也不再过度锻炼了，充其量就是散个步，或是做做伸展体操。

把应用程序也删掉了。

已卸载

就这样过了两个星期。

今天终于就是最后一天了——

119

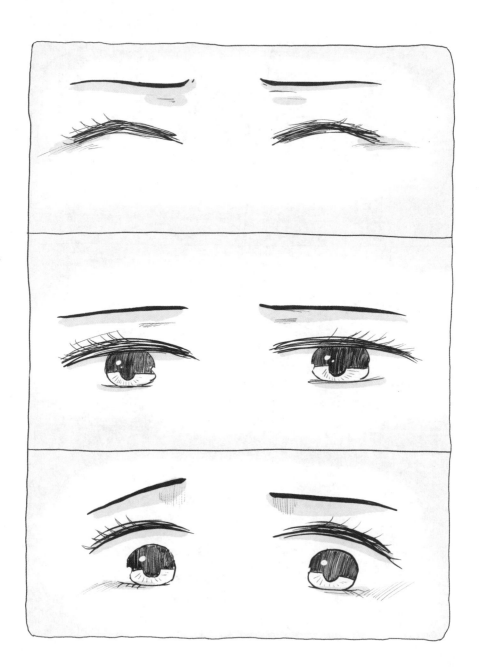

过了一天我又称了，体重也完全没有发生变化。

原来体重，是这么、这么……

蹲下

当时的体重之所以没有变化，我想是碰巧赶上了月经周期或是跟身体内的水分多少有关，但那一天的我真的觉得，过去被体重耍得团团转的自己就像个傻子一样。

代谢功能恢复正常的那两周

　　由于长期节食，刚停止减肥时的我，代谢功能已经是相当差了。

　　为了缓解代谢压力，我在正式结束减肥前设置了一个"代谢恢复期"。

　　"代谢恢复期"长达两三周，在此期间可以一边注重营养均衡地摄入适当的卡路里（根据身高、体重、活动量得出的理想摄入量），一边尝试做一些适度运动。

　　很多人都说刚开始的时候体重会突然增加。尤其是控糖和利用生酮饮食的人会非常明显（糖分的摄入与水分有关，会导致体内水分增加），甚至到令人大吃一惊的程度，但持续一段时间后，体重就会稳定下来。据说体重和食欲的稳定，以及体温上升，就是代谢正在好转的信号。

　　除了上述的行动之外，我还着重留意"防止吃得太饱"，并练习如何"正常地进食"，但这两者其实基本上都是代谢恢复正常后还要继续减肥的人才会做的事。

　　对我个人来说，这个"代谢恢复期"真的为我脱离减肥做出了巨大的贡献。

　　我认为最大的原因，是如果我像正常人一样一下子增加进食量，肯定会有抵触心理，但加了"恢复代谢功能"这个理由，我才在情感上能够容易地接受这件事。

于是乎，我的身体状况也很快地好转起来。

原来晚上七点之后是可以吃冷饮的

在代谢恢复期，有一天到了晚上九点，我突然很想吃冰淇淋，又正好在冰箱里搜刮到一个香草味的，就把它吃掉了。

"只要不过量，吃甜食是没问题的。"

虽然心里这样想，但毕竟我之前减肥时，在晚上七点之后是严禁吃任何东西的，更何况是冰淇淋！所以我吃的时候真的很紧张。

可是冰淇淋真的太好吃、太好吃了。

"好好吃啊""好幸福啊"之类的感情重新回到了我的内心，而我也真的离开了那地狱般的减肥生活……我像是品尝什么山珍海味一样，吃完了那一盒冰淇淋。

只要不吃太多就不会胖，人不会因为晚上吃个冰淇淋就轻易变胖。

明明是再正常不过的道理，减肥期的我却被"晚上七点之后吃冰淇淋会长出超多脂肪，立即变身成猪"的想法困住，一旦稍微违背"晚上七点之后严禁进食"的规矩，便会责备自己、虐待自己。

对我来说，"晚上九点之后吃冰淇淋也不会胖"的这个"正常发现"，是具有重大意义的。

如果平时就规律地吃一些富含营养的食物，就很难引发暴食冲动，对垃圾食品和零食的欲求也会降低。要是偶尔冒出"想吃"的念头，

就大大方方地去享受。因为最重要的，是这么做会让我觉得正在善待
自己的精神与肉体。

能够睡得很香，自然地露出笑容

在两周的代谢恢复期之中，让我意外的，是睡眠质量好得出奇。

我原本就是睡眠时间很长的人，一天能睡八九个小时，但在减肥期间，能睡五六个小时就算是很不错了。在饥饿感的折磨下，我根本睡不着，再加上压力大的缘故，睡着了也会在半夜醒来好几次，还会经常因为过度忍饥挨饿导致胃酸反流，让自己犯恶心（晚饭我通常在下午五点左右吃完，而且也只是吃沙拉和豆腐，之后的时间就只喝水，这样肯定会饿的）。

之前我一直处于这样的状态，所以当开始正常进食，我的睡眠质量发生了翻天覆地的变化。这真的令我非常吃惊。

"要是今天也睡不着可怎么办啊。"

每天睡觉的时候我都带着这样的不安，但躺在床上之后，就不知不觉地沉沉睡着了，还一觉睡到天明。当然，醒来之后的状态也非常好。这让我深刻地认识到，好好吃饭是多么重要的一件事。

随着睡眠质量的好转，我的精神也同时发生了变化，情绪渐渐丰富起来，人也变得积极向上了。

被减肥之魔附身的时候，"好吃""开心""快乐""幸福"等情绪都消失得无影无踪，取而代之的是"消极三姐妹"——"难过""痛苦"和"悲伤"，几乎如影随形。

我清楚地记得，男朋友在这个恢复期间对我说过这么一句话："你最近又像以前那样爱笑了。"

这又让我强烈地感受到饮食和睡眠的重要性，而且它们与"心理健康"是那样息息相关。

从"瘦"和"胖"得到的思考

我认为"瘦"和"胖"这两个词本身没有任何问题。

因为二者都只不过是对"外形"的一种表达而已,就和头发长、头发短、手大、手小一个道理。

有问题的,是外界对这两种"外形"所贴的标签(一种不容置疑的评价)。

比如"瘦等于擅长自我管理、努力、美"和"胖等于不会自我管理、懒惰、丑"。还有人将"瘦"理解为"寒酸"呢,对这种人而言,"瘦"也可以成为令人痛苦的词语。

除此之外,"高鼻梁""低鼻梁""双眼皮""单眼皮""个子高""个子矮""胸部大""胸部小"等"外形",也会被贴上标签。悲哀的是,我们从小就在不知不觉中,将这些标签带入了自己的精神层面。

明明每个人的个性都该受到尊重,可是他人会擅自将这些特征分出个三六九等。对这种社会现状,我一直抱有很大的疑惑。

"我所认为的美到底是什么样的""对外貌所做的努力究竟是什么"……我认为,用自己的头脑去思考这些问题才是最重要的。

若是想现在就将贴在身上的"瘦"和"胖"这类标签撕下来,应该不是一件容易的事。但是,即使很难也要努力去做,因为它可以将自己从痛苦之中解放出来，或许也可以拯救自己身边的人。

　　标签只是他人单方面对你做出的评价，不属于你自己。如果这种标签令你饱受折磨，那我觉得，最好将它撕掉。

想瘦的心情是无辜的

自从我停止减肥，
已经过去了一年。

现在我正在
绘制这本漫画。

因为我曾经在 ns 上发过
那种给减肥推波助澜的文章，
也发过自己那少到可怜的饮食，
所以才想着要将自己的经历告诉大家，
算是多少为自己赎点罪吧。

我现在已经从『吃』的执着中解放出来了，也摆脱了『想瘦』的魔障。

人不该为了体重时喜时悲。

过度地节食，是一种错误行为。

这些我已经通过亲身经历有所了解了。

直到完全停止减肥，我花费了许多时间，但也学到了许多东西。

197

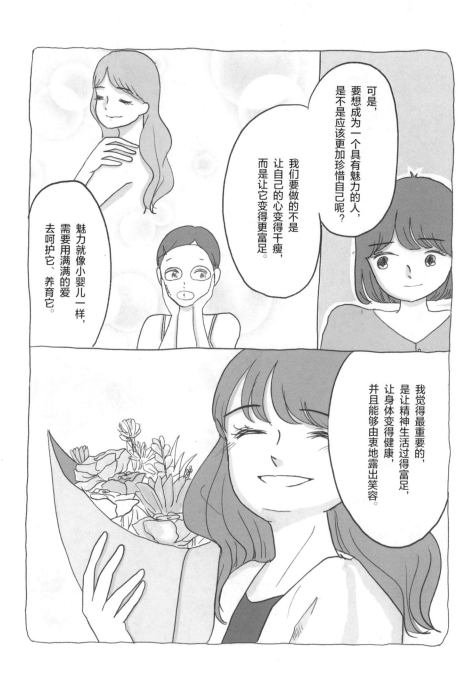

可是，要想成为一个具有魅力的人，是不是应该更加珍惜自己呢？

我们要做的不是让自己的心变得干瘦，而是让它变得更富足。

魅力就像小婴儿一样，需要用满满的爱去呵护它、养育它。

我觉得最重要的，是让精神生活过得富足，让身体变得健康，并且能够由衷地露出笑容。

198

想瘦的心情与减肥完全不是坏事。可是我希望大家不要去做那种会让自己的心灵也跟着一起变得干瘦的减肥活动。

我希望大家能在自爱的基础上，让自己成为一个更好的人。

我打算出一本书，一本将身陷减肥泥沼的人们拯救出来的书。

嗯，嗯。

减肥这个市场真的很大。

可是——

2个月-6kg!

而且会在唯利是图的企业、网络和媒体的煽动下愈演愈烈。

减肥是最好的整容

瘦下来！

在电视上，丰满的艺人总会被人当成笑料，苗条的艺人则会受到优待。

「胖就是丑」——我们自小就被灌输了这样一种价值观。

揪紧

我觉得想看这本书的人应该不多。

所以，老实说，

嗯，说得是呢。

我能够回到正常的生活中，真的要感谢身边的人对我的帮助，否则我应该是无法重新振作起来的。

但是，或许还有一些人正在孤零零地受苦吧。

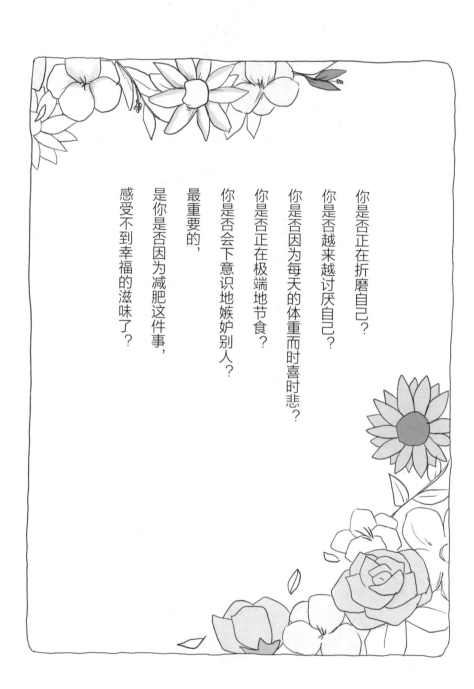

你是否正在折磨自己？

你是否越来越讨厌自己？

你是否因为每天的体重而时喜时悲？

你是否正在极端地节食？

你是否会下意识地嫉妒别人？

最重要的，

是你是否因为减肥这件事，

感受不到幸福的滋味了？

我认为，
想成为一个有魅力的人，
要从好好地爱自己做起。
请不要再虐待自己，
请爱护你的身体，
珍惜你的心灵吧。

第二部

为珍惜自己而
该做的二十件事

你 的 心 灵
是 否 因 减 肥 而 变 得 干 瘦 ？

你是否符合下列描述?

或许你正无自觉地走在会令心灵变得干瘦的减肥之路上。

□ 每天不称体重就会焦虑。

□ 自己的心情会被区区一百克体重左右。

□ 在便利店和超市购物的时候，不看营养成分表就无法决定是否购买。

□ 不小心吃太多的时候会对自己感到极度厌恶。

□ 制订禁食清单。

□ 将特定的营养元素（比如糖分、脂肪等）当作"有害"物质。

□ 与好朋友一起吃饭时不方便控制饭量，所以讨厌聚餐。

□ 对每天摄入的卡路里斤斤计较。

□ 觉得节食很痛苦。

□ 总想着减肥的事。

□ 一旦不运动，就觉得脂肪会堆积。

□ 睡不好的次数越来越多。

2

不用勉强自己
去喜欢自己哟

我猜，有很多人都是出于"想喜欢自己""想拥有自信"之类的理由才开始减肥的。这些愿望本身是非常正常的。

可是反过来，它们就意味着"无法喜欢自己""没有自信是不好的"，所以才会让人"想瘦下来"，认为"只要瘦下来就能够喜欢上自己，也会拥有自信"。如果你是这样想的，那就要开始警惕了。

"如果我能瘦下来……"这种想法的萌生，源于"他人的评价"，所以当你产生这种想法的时候，你很容易分不清"瘦"的终点在哪里，最终会向着"瘦"永不停歇地奔跑下去。

我认为，停止"无法喜欢自己是不好的"这种念头，也是很重要的。"接受现在的自己"，才是喜欢上自己的第一步。

这是我敬爱的水岛广子老师在《"想瘦得幸福的人们"的心灵教科书》一书中所写的一段话。希望大家都能去看一看。

丢掉"体形全靠努力"的
顽固想法

努力开始减肥之后，是有一些地方会发生变化的。

但是，骨骼以及肌肉的生长等，都是天生的特性，是很难改变的。

若你通过很努力地减肥使体重下降了，之后不管再怎么努力，体重也没有再降，且此时的体重又接近标准体重的话，那么这个体重多半就是你自身最合理的体重。

而且，它多半也与你的骨骼、肌肉的生长情况有关。

你要了解自己身体的特征，在了解的基础上进行有效的利用，这才是最重要的。

骨骼也好，体质也好，都没有优劣之分。

4

暴饮暴食不是你的错，
绝对不是

在减肥期间，有时会突然爆发出强大的食欲，即使心中充满罪恶感，也会不由自主地吃下很多东西。

明明努力减肥了，也成功减重了，却因为忍耐不住而暴饮暴食，最终导致反弹。

有过这种经历的人，无一例外会责怪自己"意志力太薄弱""自我管理做得不到位"。

我想告诉大家，暴饮暴食不是意志力的错。

暴饮暴食有两种原因：一种是身体在发挥维持生命的功能，目的是为了消除过度节食而引发的饥饿感；另一种则是心理压力。

为了你能活下去，为了阻止你心灵的崩溃，暴饮暴食是有必要的。所以我想告诉大家，既然它是有必要的，那就承认它的存在吧。

5

鼓起勇气远离社交网站上
让你觉得"扎心"的评论

"在减肥过程中，你觉得痛苦吗？"

当我将这个问题发到Ins上之后，我收到的大部分回答都是和社交网站有关的。

Ins上那些"肥猪""丑八怪"等侮辱外表的词语；身材丰满的人在抖音上传视频后，评论区里"肥猪就要有自知之明""谁想变成你这鬼模样啊"等诋毁中伤的言论；YouTube网站上"如果没有减肥的危机意识，就会被另一半甩掉""不瘦的女人不算女人"等威胁一般的广告……

这些东西在不知不觉中侵蚀了我们，从我们身上夺走了自信与积极的情感。

因为社交网站存在着上瘾性，想完全戒掉是很难的。可是我认为，远离那些会让你心情变差的文章与广告，才是维护心理健康的重要做法。

6

在 心 里 狠 狠 鄙 视
那 些 攻 击 你 外 表 的 人

"简直就是只猪嘛""要是能瘦下来，算得上是可爱吧""跟排骨精一样，我看不上（笑）"。

当听到这些话时，如果是有自信的人，或许有能力大发雷霆，但换作是没有自信的人……就会百分之百，不，大概是百分之一百二把这些话当真。他们心中的伤口该有多深呢？不只心灵觉得受伤，还会陷入恶性循环。

我不想在这种时候说什么"正因如此，请大家拿出自信来"这种强人所难的话。但是，我希望大家在听到这种闲言碎语时，不要当真。因为错的人不是你，而是说出这些话的人。要么他们是知道这么说能伤害你，才故意这样说的；要么就是他们缺乏想象力，只能说出这种话。你首先要做的，是发火——哪怕只是在心中默默地发火也可以。因为你完全没有错。

明知道"对方会受伤"还要这么说的人，我是绝对不会原谅的！

7

心情的抑郁或许是
心发给你的求救信号

我认为,"察觉心灵发出的危险信号"是一件非常重要的事。

而这种危险信号会因人而异(我个人的表现是睡眠质量变差、懒得泡澡等),但也有不少人有着共通的信号。

那就是"心情变得忧郁"。尤其是没有什么特别的原因(比如被上司狠批了一顿或是没拿到学分等),心情却突然陷入低落的状态。

这个时候,你就需要留意一下自己的精神状态了。会不会是许许多多的小压力堆积在一起,让你的心发出了求救信号呢?

此时最重要的就是休息。请大家要重视休息这件事,并且善待自己。

它关系到你是否能避开即将到来的负面骇浪。

"害怕变胖"
是很正常的

你会不会有时候觉得,即使"不想减肥了""想在外面毫无顾忌地吃东西",也会被"害怕肥胖"这种情绪阻挠呢?

我也是一样,而且曾与这样的心情斗争了几个月。可是,有这样的想法是非常正常的。因为我们之前一直都在给自己施加"不能胖、不能胖""胖了就完蛋了"之类的自我暗示,突然说什么"不要害怕肥胖",这才是不正常的。

所以,一开始不必强迫自己,请认同自己的那些情绪。

比如"我现在就是很怕变胖嘛。尽管理智上明白只是在外面吃个饭不会发胖,可是情感上就是无法接受啊",等等。

只需要学会从客观角度去看待自己的情绪,就会让你的情况慢慢好转。

9

求你了，
千万不要绝食

"吃太多会胖"或许是合理的，但"一吃就胖"这种事是绝对不存在的。

你有没有给自己规定"绝对不能碰的食物"？比如甜点、面包、米饭、油炸食品等。在减肥期间，我也会将这些食物归入绝对不能碰的"禁食清单"里。

可你越是想"不能吃、不能吃"，就会越在意那些食物，从而让你的心情变得很糟糕。

越是禁止，你对它的欲求就会越强烈。

给自己规定不能吃的东西，就等同于给自己的心上了一道沉重的枷锁。

明明是在节食，却摄入了大量的压力，这岂不本末倒置吗？

10

思考"今天做什么"，
而不是"今天吃什么"

在减肥的时候，我满脑子都只想着"今天吃什么"。而当时大学四年级的我刚刚结束就职活动，却因为新冠疫情而不能随心所欲地去外面玩。

每天吃完早饭就想午饭，吃完午饭又想晚饭……然后每个小时都在对自己说"我还不饿"。

自从我决定不再减肥，我开始尽量让自己去想"今天做什么"，目的是让我的注意力能从食物的执念中一点一点地抽离。

上午看这本书，下午去散散步，然后跟朋友煲个电话粥，晚上看看电影……

我意识到，当你的思考重点不再是"吃"的时候，你的心灵就会慢慢地恢复健康。

尝试远离体重秤、
卡路里的计算和成分表

　　大家在减肥的时候是不是会忍不住去在意数字？先是体重秤，然后是摄入的卡路里和消耗的卡路里。我个人还会在此基础上再加上成分表和Ins的粉丝数……

　　总而言之，我们处处纠结于数字，不，是被数字左右了。

　　一旦被数字左右，就会冒出"我昨天明明努力运动了，体重却没降""摄入的卡路里不小心比目标多了一百二十大卡……"这样的想法，对一些原本不必放在心上的事情，格外耿耿于怀。

　　减肥明明是持久战，却让人只能从短期（以一天或几个小时为单位）去思考，其罪魁祸首就是数字。

　　如果你感觉到"最近好痛苦啊"，就请先远离数字吧。只要强行与数字拉开距离，你的痛苦应该可以稍微得到缓解的。

12

努力不要"忍耐进食"

"今天的晚饭我又是只靠鸡胸肉和汤水就熬过去了。我真了不起，我太努力了。"

在减肥的时候，我曾经这样想过。可是，将"忍耐"和"努力"之间画上等号，是一件非常危险的事。

"食欲"是人类最根本的欲求，"想吃"的心情和"想上厕所""想睡觉"一样，都是非常自然的欲望。

所以，正如你不会说"我想上厕所却忍着没上，我真了不起"一样，最好也不要有"我想吃东西却忍着没吃，我真了不起"这种想法。

忍耐自然的生理需求，这不叫努力。

所以，我希望就算你正在减肥，也不要勉强自己忍耐食欲，而是要努力做到营养均衡，并且细嚼慢咽地享受食物。

13

在"瘦"与"胖"之间，
还有一种体形是"既不瘦，也不胖"

"既不瘦，也不胖"。

当我困在"减肥"这座牢笼中的时候，我完全没有意识到，除了胖与瘦之外，还存在着这么一个中间地带。

不，应该说以我当时的精神状态，是意识不到这一点的。

因为我脑中只有"会瘦还是会胖"，总是处于变化的状态。

所以当我第一次知道"既不瘦也不胖"的时候，真的觉得很新奇，也让我的内心得到了救赎。

变胖是一件很可怕的事，但是一生都被"要瘦下来"这件事束缚，也实在太过痛苦。

那就待在"既不瘦也不胖"的区域里吧，这里能够让你好好吃饭、适当运动，心平气和地放松下来。

14

尝试放弃 "如果我瘦下来了，就去○○" 的做法

"如果我瘦下来了，就去买漂亮衣服吧""如果我瘦下来了，就去吃好多好吃的吧"。

要是你有这样的想法，那你的目光就没有放在"当下"的幸福上，而是看向了"将来"的幸福。

我不会否定"抓住未来的幸福"这种想法，但有些事情我希望大家能够关注一下。这种想法很容易让你忽略"当下"，导致你意识不到自己"当下"的感受是"痛苦"还是"难过"。而一旦忽略"当下"的感受，你的身心就会渐渐受到伤害。

所以，请暂时放下"(将来)瘦下来了，就去买漂亮衣服""(将来)瘦下来了，就去吃好多好吃的"之类的想法。

而是想一想——

"我当下想做的事是什么？"

"我当下对什么样的事感到幸福？"

请大家将注意力放在"当下"，而不是遥远的"将来"。

15

吃东西是一件非常幸福的事

"吃完油炸食品就会立刻变胖。""白色食品是脂肪来源。"

大家是不是在社交网站上经常看到这样的言论？如果每天都接触这种言论，就很容易进入"吃东西等于不良行为"的思维误区（尤其是甜点、拉面、比萨和油炸食品等）。

但是我还是觉得，吃东西是一件非常幸福的事情。泡完澡出来吃的冰淇淋、家族纪念日买的蛋糕、奶奶给我做的花生酱汤（天下第一美味）……都非常好吃，能吃到这些东西真的很幸福。

现在的你有没有觉得吃东西是一件痛苦的事呢？

在享用了食物之后，你说的第一句话是否不再是"真好吃，我吃饱了"，而是"一个没忍住就吃掉了，明天得把它减下去啊"？

用一种非自虐的方式提升自己

想变美丽、想变可爱是非常好的心愿。

"我想变得更有魅力。"

这种想法总会让人心生激动，对吧？

我想问问大家，有什么自我提升的行为是会让你觉得紧张激动，又让你能够感觉到"我真的好爱自己呀"？

以我个人来说，是在做轻奢护肤的时候，在泡完澡后边听音乐边享受按摩的时候，在早上品尝新鲜水果的时候。这种时候的我，内心会变得暖洋洋的，整个人都沉浸在幸福之中。

我想，提升自己应该不是逼自己去当一个苦行僧或是虐待自己吧？当你想变美丽的时候，我希望你选择的自我提升方式，能让你有一种"我正在好好爱自己"的感觉。

致总是将自己伪装成
坚强模样的你

我觉得大部分拼了命地去减肥、将自己逼入绝境的人，都是不擅长坦率表达内心情感的人。

这样的人无法向他人述说自己的心事，只能一个人逞强，一个人背负所有烦恼。

就算听到别人问"你没事吧"，也会下意识地回答"我没事"，从而无视了自己真实的状态。

他们害怕别人听到自己的真心话后会讨厌他们，又或者是害怕与他人建立紧密的关系……

如果你也是这样的人，那么我想，即使让你"先敞开心扉"，对你来说也是一件非常难的事。

如果可能的话，我还是希望你能试着找身边的人讲讲你的烦恼与苦楚。要是觉得很难，那就将自己的情感吐露出来，比如写在本子上，或是低声地自言自语。

然后，请你接受这样的自己。

18

你为什么想变瘦？

等各位的情绪平静下来之后，我希望大家能去了解一下日本的"消瘦倾向"。

在学习的过程中，我发现了一件事——我并不是"主动想瘦"，而是"被动想瘦"的。

在日本，不光是"瘦等于美"，还有"瘦等于擅长自我管理"，方方面面都在赞颂"瘦"。

以十几岁到二十几岁的女性为中心的群体里，很多人都在追求BMI①18的"灰姑娘体重"（健康的BMI为22）。

据说，这个体形比二十世纪四十年代的人还要瘦，那可是营养不良最为严重的时代啊。

为什么会变成这样呢？

去了解这一思想产生的背景与资本主义背景，这也是在了解"自己欲望的起源"。请在此基础上问问自己："我为什么想变瘦？"

---

① 身体质量指数，用体重数除以身高的平方可得，是国际上用以衡量人体胖瘦程度以及是否健康的常用标准。

致看完本书仍然想变瘦的你

如果前面所讲的事情多少能够为你缓解心中的痛苦，那我会非常开心。

"先叫停减肥，好好正视自己吧""好想爱上'正常地进食'啊"。

或许也有些人会这样想吧。那我希望你们能够珍惜自己此时此刻的心情。

另外……虽然理解我想说什么，但即便如此还是想变瘦的人，应该也不在少数。

为了不让这样的你们陷入"令心灵变得干瘦的减肥"，我想在这里，对大家讲一些重要的事项。

- 如果你平时吃得就不是特别多，就请把减肥的重心放在饮食之外的事情上。比如体态、体寒、骨盆矫正等。尝试客观地分析自己的身体。尤其是女孩们，我建议大家把改善体寒放在第一位。
- 可以称体重，但一旦你觉得自己的精神状态正在被体重左右，就要和它保持一定的距离了。要关注你的脸色、表情和身体状况。
- 不要生搬硬套网红们的减肥方式。每个人的骨骼、体形和身处的环境都是截然不同的，所以别人的经验大多都不适合你。

- "必须"摄入比基础代谢多的卡路里（能量）。
- 要均衡地摄入三大营养元素（蛋白质、脂肪、碳水化合物）。不可以极端地限制某一项。
- 一旦感到有压力，就要勇于"逃避"。

其实我还想说得更仔细、更全面一些，但最终还是锁定在这几个最重要的问题上。希望这些经验教训可以帮助大家。

20

什么叫"爱自己"?

如果我对大家说"要爱自己",想必也会有人觉得"很难办到""这和喜欢上自己有什么区别呢"。

那么,我就在这里讲讲我个人理解的"爱自己"是怎么一回事吧。

对我来说,"爱自己"就是"认同并接受自己的存在、自己的感情、自己的外貌等"。

不要对自己做出"喜欢"或是"讨厌"之类的判断。

比方说,当你产生"痛苦""悲伤"等情绪的时候,你不能用"我讨厌这样想的自己"的想法去无视它们,而是要带着"啊,我现在正在感受痛苦啊"的认知去接受它们。

无论是好的方面还是不太好的方面,都要当成自己的一部分予以接纳。这就是我心目中的"爱自己"。

在最近的距离观察自己的,是你自己;令自己得到成长的,是你自己;能够改变自己的,还是你自己。

有的时候你可能想埋怨自己:"你为什么就是做不到呢!"而有的时候你也可能想夸奖自己:"哇,你简直是天才啊!"

这一切的一切，都是你自己。

"感觉好难啊，我没办法接受现在的自己"。

如果你曾有过这样的想法，那就表示，你现在依然是这样想的。
我觉得，认同这样的自己，才是"爱自己"的第一步。

后记

『你喜欢自己的什么地方？』

两万人参与的调查问卷

脸小。(manne)

眼睛大！(ramii)

挺拔的身姿。(riri)

脸蛋圆圆的！(kanamekinuko)

笑起来眼睛就会眯得像弯弯的月亮！(绵子)

比以前漂亮的头发。(青花鱼)

注重牙齿护理！(笑)(puyo)

不只是体形，在改善肤质和改善发质方面也十分努力！(nana)

没有讨厌的人！(rina)

国字脸。(emiri)

适合穿高跟鞋的脚。(ri)

个子高，身板直！(uri)

以食为天的心态！(yuuka)

看上去温柔和善。(mi)

总是面带笑容！(kaoru)

一笑起来就看不见眼睛了。(non)

像面包超人一样带着红脸蛋的笑容。(ohana)

为人直率。(yuru)

懂得制订远大目标并为之行动！(yuzurisa)

两只眼睛的大小还挺对称的！(kyarikerorin)

皮肤白眼睛大。(水月)

有很多肌肉！眉毛和睫毛很好看！心态一直很积极！(nabe)

就算不"完美"，也敢于承认自己。(maru)

上臂软软的。(hana)

大概是曾经被人说三道四，让我觉得很难受的八字眉吧……(笑)(rii)

性格开朗。(M)

(硬要说的话，就是天生发色浅吧?) 我希望今后能够喜欢上自己的某些地方。(ans)

脸蛋软乎乎的。(蜜瓜苏打)

笑容最美！(u)

双眼皮、唇形和整齐的牙齿。(gg)

肉嘟嘟的嘴唇。(name)

皮肤。(tomato)

自己的锁骨！非常骨感，呈平直状，光看锁骨就有成熟的女人味，我很开心💕。(moe)

父母希望我将来能笑口常开而带我去整的牙齿。(tami)

单眼皮👀。(yuuka)

做任何事都全力以赴。(run)

笑容很灿烂。(kayano)

头发和皮肤还挺漂亮的。(鸥)

臀部丰满，还有恰到好处的腹肌！(yu)

眼珠天生是漂亮的褐色！(rin)

脖子修长！(sarasina)

鼻梁高！(sakura)

柔软光滑的脸蛋！(yumii)

细长的手指和手！是我引以为傲的最喜欢的地方（ kaede ）

虽然是单眼皮，但眼睛大而有神！(CALIFORNIA ROLL)

腿形！(komacyan)

上臂肉肉的软软的！(haru)

一笑就会出现的酒窝和鱼尾纹。(san)

身体结实健壮，所以不会轻易筋疲力尽！(utubo)

自我肯定感较高，天天都觉得"今天的我也很可爱呢"！（hinacyaso）

不管多胖，腿都很细。（mroritei）

无论遇到什么事都不会放弃！（kae）

又宽又深的双眼皮和整齐的牙齿。（hina）

能够从小事中感受到幸福！（sacyan）

可以将对方的优点说出来，称赞对方。（eripi）

笑起来有酒窝!!（koguma）

漂亮的双眼皮！（KAEDE）

从春夏直到典的模样。（fuku）

为人积极向上😊。（piyoko）

左眼眼尾的睫毛是卷翘的！（cyomo）

皮肤又白又软。（秋冬）

鼻梁高。（yururi）

通过努力按摩练出来的颈肩！（yuuna）

酒窝！不过，在脸颊肉嘟嘟的时候更明显😊。（tippi）

一笑脸蛋就会鼓起来！（ria）

圆脸!!（yui）

皮肤白。（saki）

自我领导能力强！（kabosuko）

睫毛。（ojimagu）

敢于以惨痛的失恋为踏板提升自我🐰。（sacyan）

可以和朋友开心快乐地尽情享受美食!!（momo）

即使没有刘海也不怕露出来的额头！（KASUMI）

一有目标就可以为之奋斗!!（zou）

胸大（？）身体柔软！（yuki）

屁股软绵绵的！（pippi）

深深的双眼皮、长长的睫毛和鲜明的轮廓。长得有点像外国人。（kenjirou）

靠锻炼肌肉而来的结实的腿脚！（zumi）

适合短发的模样。（sinncyan）

敢于假装胆子大。（KANAKO）

笑容！（sana）

手好看！（椛）

个子高。（serinazuna）

发质好，屁股和大腿虽然肉肉的，但手感好。（nananana）

虽然整体很胖，但手腕和脚踝很明显！哈哈！（rena）

身体曲线凹凸有致。（miruko）

为了成为自己理想中的模样而努力研究并付诸行动（nipu）

别人夸我"软绵绵的"！（tsuki）

脸型是漂亮的鹅蛋形。（yuyu）

眼睛。尤其是长长的睫毛和深深的双眼皮。（mingo）

酒窝。（晴）

眼皮一单一双的眼睛！（yuu）

体力充沛！（utsubo）

眼睛又大又水灵，睫毛很长！感谢我的妈妈！（mikiko）

听别人说我皮肤好🐱。（kasumi）

眼睛大大的，亮晶晶的。（kaze）

因为个子高，所以看上去身材很好！（candy）

我为什么想让大家拥有"身体自信"

吉野直

今年是2021年。如今这个时代，只要生活在日本的社会里，我想大多数女性都会有一个固有观念——"我想变瘦"。

打个比方，我逛街的时候想在实体店里买一件适合自己穿着的LL码①衣服，但是很难找得到。内衣也是一样，想买到胸围80码以上的内衣，只能通过网购。然而与之相反的，是市面上有许许多多为那些想瘦下来的人提供的商品与服务。什么"某某紧身裤"，什么保健品，什么功能饮料……这个社会一方面无视肥胖者，一方面又时刻做好了为想减肥的人提供五花八门服务的准备，简直已经成为一种病态。

我从五岁起就被人嘲笑，大家都叫我"肥猪"，谁叫我确实很胖呢，这也不能怪别人。即使听到别人这样说，我也没有任何话可以反驳。我穿不了自己喜爱的衣服，也是怪我太胖了。一个到处都是减肥广告在微笑示人的社会，对肥胖的我却如此冷漠。在青春期之前，这种不甘的情绪在我的心中反复堆积，让我坚信只有减肥才能照亮我的人生。

我从高中就开始减肥了，过度节食让我的体重减了三十公斤。然而当我有所察觉的时候，却已经得了进食障碍症。我开始暴饮暴食，吃东西的目的也不再是为了填饱肚子，而是为了填满心中的裂缝。我开始分裂成两个人：在人前，我是一个"普通人"；在人后，我是一个

---

① 对应的国际标准码为 L 码。

反复暴饮暴食的人，二者之间的隔阂越来越深。因为每天都被食物与体重耍得团团转，所以情绪变得不稳定，还会时不时地放朋友鸽子。每天去上班也变成了一件痛苦的事。我觉得自己的情感仿佛不复存在，一直孤独地处于烦恼之中，永远看不到出口在哪里。

我明明瘦了，却一点也不幸福。逼迫性的减肥不会获得幸福，只会让人更加害怕肥胖。

这时才发现，我把减肥广告上的标语当真了，一直在劝说自己"如果不瘦下来，就无法感受到幸福"。

或许体形与幸福是没有多大关系的。

或许胖乎乎的体形只是自己的体质。

当我意识到这一点，并与减肥的念头拉开距离的时候，我的暴食症渐渐好转了，情感也重新回到了我的心中。一年后，我开始从事"大码模特"的工作，而这份工作正是我的体形为我带来的。

有一个词叫作"Body Positivity（身体自信）"，指的是接受自己原本的身体。如果有人用语言去嘲讽或中伤你的身体，不要被他们洗脑，也不要自责，而是要好好地爱护你自己。这么做不是为了别人，是因为你的身心都在渴望你自己能够快乐地享受人生。

吉野直（Nao） 生于 1986 年。是专为体形丰满的女性创办的时尚杂志《LA·FAFA》（文友舍出版）的专属模特。同时也参加了许多演讲活动，并拥有自己的专栏。通过各种途径向大家讲述曾患进食障碍症的经历。曾在推特上发布对减肥广告的恶搞改图，引起热烈反响。

致那些正为暴饮暴食烦恼的人

小野寺瞳

暴食症是一种疾病，是指在短时间内将大量食物塞入胃中，之后又为了弥补自己的暴食而采取了不当的补偿手段，最终导致自己无法控制食欲。

你有没有过这样的经历呢？明明很想瘦，却抑制不住自己的食欲，忘我地胡吃海塞，最终被自己的罪恶感淹没。

暴食症的发病与很多因素有关，比如过去受过的心理创伤和生活环境导致对自己没有自信、有强烈的自我否定感或是完美主义等。这些原本就容易罹患暴食症的"特征"，加上过度减肥造成的营养不良、自我抑制等精神上的压力和睡眠不足等身体上的压力——身心发出的双重求救信号，就会导致暴食症的发病。

一旦得过一次暴食症，就会一辈子都被饮食与体形所困扰吗？
不，答案是否定的。
暴食症是可以克服的。
首先，最重要的是要了解自己暴食的"契机"是什么。
营养不良？睡眠不足？压力过大？要弄清暴食的契机，然后解决这个问题，待食欲稍微恢复平静，精神上也变得从容之后，再去面对"根本原因"。

通过消除偏激想法、过去受过的心理创伤和自我抑制过强等"根本原因"，改变自己的思考方式和行为习惯……从而获得不会轻易罹患暴食症的生活。

如果你正在为暴食而烦恼，请不要自责，而是要问清楚自己：为什么我会想吃东西？为什么我总是心神不宁？正因为食欲的涌现是有原因的，你才要多问自己几次"为什么"，多了解自己真实的想法。虽然暴食不能让人欢天喜地，但能给我们一个直面自我的契机，教会我们认识一个重要的事实。

因为重要，所以请容我再重复一遍。

暴食症是可以克服的。

它是让你喜欢上自己、直面自己的契机。

请你尽情地、努力地依赖你的家人、朋友、医院和咨询师等身边的人，克服暴食症，发现一个比现在更闪耀的自己。

要幸福地享用美食，活出自己的人生！

小野寺瞳　出生于 1996 年 3 月 28 日。18 岁患上暴食症，并有抑郁症、社交恐惧症、减肥依赖症等多种心理疾病。通过学习心理学与营养学加深了自我理解，从而克服了困扰自己 6 年的心理疾病，并且考取了心理咨询师和行为心理师等证书。现在是一名专门为进食障碍患者提供心理咨询的咨询师，在社交网站等平台上也十分活跃。

最后想跟大家说

自从我决定写这本书，从开始动笔到如今这篇《最后想跟大家说》，大约半年的时间里，我每天都在与"过去的自己"对话。

有时候，过去的我会附身于现在的我，让我再次感受当年的痛苦与悲伤；有时候，现在的我会向过去的我伸出援手，百般抚慰。

在写这本书之前，我一直认为"都过去一年了，在平静的状态下，我应该会有很多感触吧"。

我以为自己已经摆脱了减肥的阴影，对"减肥"这个词及相关的信息都不会产生恐惧心理了，如今的我有能力去冷静地思考了。

可是当我真正提起笔来，当我开始与过去的自己进行对话，却无数次险些被打回原形。

"还是瘦的样子比较好看吧。"

"我害怕接触减肥的信息。"

"搞不好我今后又要开始减肥了，还是不写这种书了吧。"

这样的想法好几次浮现在我的脑中。

而当我恢复理智冷静下来之后，每次又都会冒出同样的想法。

果然很强。"必须瘦""绝对不能胖"，这些诅咒的力量果然非常强大。

我曾经纠结过，要不要将自己状态变差的事写在书里。可是，当我纠结的时候，突然想到了一件事。

对于包括我在内的许多人而言，会不会永远都无法迎来"从减肥的诅咒中完全解脱，并且好好地做一次肯定自我"的那一天呢？

即便如此，我们还是在与社会上的"消瘦倾向"与自卑，与压力与容貌歧视对抗，并想方设法地一点点找到"自我"，这样是不是就足够了呢？

所以，我会被拉回到过去也是非常正常的。在写下这句话的瞬间，应该也是我在自我肯定的一个过程吧。

没错，我或许并没完全地战胜"减肥"，所以会屡次摇摆不定。但是我想，得知这件事，看到我在这里与大家坦诚相对，应该也会让一部分人产生亲切感，觉得自己并不孤单，从而卸下心头重担吧。

关于"自我"这方面，我想给大家讲讲今后的打算。

在我停止减肥，身心都恢复健康之后，我成立了一家出版公司。

公司的宗旨是"肯定'个性'，活出'风格'"。

正如我在前文中反复提到的那样，我从自己痛苦的经历中切身感受到了"肯定个性"是一件多么重要且多么美妙的事。

我想通过自己最喜爱的"书籍"，将这件事传递给大家。我想将这本书献给那些不了解自己独特之美的人、在人生之路上追求正确答案的人、对自己没有信心的人、无论如何都会讨厌自己的人……我想将这本书献给因各种烦恼而"痛苦地活着"的人们，希望这本书能成为大家的力量。

今后，我会在力所能及的范围内开展各种各样的活动，像我的男朋友和家人拯救了当初身处痛苦之中的我那样，去拥抱那些和我一样的人。我想和大家一起挣扎，一起找到自己的个性。

最后，我想向大家表示感谢。感谢大和书房的藤泽阳子小姐，在众多出版社都在出版瘦身书籍的当下，能够赞同我的想法，并与我一同创作这本（逃离）减肥书籍；感谢APRON的植草可纯小姐和前田步来小姐，她们为本书提供了优秀的设计；还有此次为本书专栏撰稿的、我无比敬爱的吉野直小姐和小野寺瞳小姐。真的非常感谢大家。

当然，还有各位读者。
再次感谢你们愿意与这本书相会。
谢谢你们的阅读。

竹井梦子

2021.5.24

参考文献

书籍

- 水岛广子著,《"想瘦得幸福的人们"的心灵教科书》,樱花舍(2019)
- 水岛广子著,《不必焦虑!厌食症与暴食症的正确治疗方式与知识》,日东书院本社(2009)
- 莎琳·黑塞·比伯著,宇田川拓雄译,《是谁制造了进食障碍——女性的身材印象与身体商业化》[1],新曜社(2005)
- 矶野真穗著,《瘦身幻想》,筑摩书房(2019)
- 长田杏奈编,《等等 VOL.3》,"等等"丛书(2020)
- 斋藤粮三著,《控糖+吃肉=调动酮体回路,让你健康地瘦下来!生酮饮食》,讲谈社(2016)
- 斋藤粮三著,《大口吃肉,一周瘦5公斤的生酮饮食》,SB Creative(2013)
  格兰特·皮塔森著,金森重树校译,石黑千秋译,《什么!居然还有高脂饮食瘦身法》,KIZUNA出版(2019)

笔录

- Daigo@ゆる系トレーナー https://note.com/hexagym
- 富永康太 https://note.com/shokuyokudiet

网页

- https://www.tyojyu.or.jp/net/kenkou-tyoju/koureisha-shokuji/tyojyu-eiyou.html
- 如何使用标准体重法来判断是否肥胖
  http://www.hcc.keio.ac.jp/ja/research/assets/files/research/bulletin/boh1988/7-33-39.pdf

① 原文标题为 *Am I Thin Enough Yet? The Cult of Thinness and the Commercialization of Identity*。

希望你能发现属于自己的美。

希望你能更加疼爱自己。

希望你不会后悔『做自己』。

一切不是体形的错

MONDAY	TUESDAY	WEDNESDAY	THURDAY

FRIDAY	SATURDAY	SUNDAY	MEMO

一切不是体形的错

MONDAY	TUESDAY	WEDNESDAY	THURDAY

FRIDAY	SATURDAY	SUNDAY	MEMO
			....
			....
			....
			....
			....
			....
			....
			....
			....
			....
			....
			....
			....
			....

一切不是体形的错

MONDAY	TUESDAY	WEDNESDAY	THURDAY

FRIDAY	SATURDAY	SUNDAY	MEMO
			- - - - - - - - - - - - - -
			- - - - - - - - - - - - - -
			- - - - - - - - - - - - - -
			- - - - - - - - - - - - - -
			- - - - - - - - - - - - - -
			- - - - - - - - - - - - - -
			- - - - - - - - - - - - - -
			- - - - - - - - - - - - - -
			- - - - - - - - - - - - - -
			- - - - - - - - - - - - - -
			- - - - - - - - - - - - - -
			- - - - - - - - - - - - - -
			- - - - - - - - - - - - - -
			- - - - - - - - - - - - - -
			- - - - - - - - - - - - - -

一切不是体形的错

MONDAY	TUESDAY	WEDNESDAY	THURDAY

FRIDAY	SATURDAY	SUNDAY	MEMO
			- - - - - - - - - - - - - - - -
			- - - - - - - - - - - - - - - -
			- - - - - - - - - - - - - - - -
			- - - - - - - - - - - - - - - -
			- - - - - - - - - - - - - - - -
			- - - - - - - - - - - - - - - -
			- - - - - - - - - - - - - - - -
			- - - - - - - - - - - - - - - -
			- - - - - - - - - - - - - - - -
			- - - - - - - - - - - - - - - -
			- - - - - - - - - - - - - - - -
			- - - - - - - - - - - - - - - -
			- - - - - - - - - - - - - - - -

一切不是体形的错

MONDAY	TUESDAY	WEDNESDAY	THURDAY

FRIDAY	SATURDAY	SUNDAY	MEMO
			- - - - - - - - - - - - - - -
			- - - - - - - - - - - - - - -
			- - - - - - - - - - - - - - -
			- - - - - - - - - - - - - - -
			- - - - - - - - - - - - - - -
			- - - - - - - - - - - - - - -
			- - - - - - - - - - - - - - -
			- - - - - - - - - - - - - - -
			- - - - - - - - - - - - - - -
			- - - - - - - - - - - - - - -
			- - - - - - - - - - - - - - -
			- - - - - - - - - - - - - - -
			- - - - - - - - - - - - - - -

一切不是体形的错

MONDAY	TUESDAY	WEDNESDAY	THURDAY

FRIDAY	SATURDAY	SUNDAY	MEMO
			- - - - - - - - - - - - -
			- - - - - - - - - - - - -
			- - - - - - - - - - - - -
			- - - - - - - - - - - - -
			- - - - - - - - - - - - -
			- - - - - - - - - - - - -
			- - - - - - - - - - - - -
			- - - - - - - - - - - - -
			- - - - - - - - - - - - -
			- - - - - - - - - - - - -
			- - - - - - - - - - - - -
			- - - - - - - - - - - - -

一切不是体形的错

MONDAY	TUESDAY	WEDNESDAY	THURDAY

FRIDAY	SATURDAY	SUNDAY	MEMO
			- - - - - - - - - - - - - -
			- - - - - - - - - - - - - -
			- - - - - - - - - - - - - -
			- - - - - - - - - - - - - -
			- - - - - - - - - - - - - -
			- - - - - - - - - - - - - -
			- - - - - - - - - - - - - -
			- - - - - - - - - - - - - -
			- - - - - - - - - - - - - -
			- - - - - - - - - - - - - -
			- - - - - - - - - - - - - -
			- - - - - - - - - - - - - -
			- - - - - - - - - - - - - -

一切不是体形的错

MONDAY	TUESDAY	WEDNESDAY	THURDAY

FRIDAY	SATURDAY	SUNDAY	MEMO

一切不是体形的错

MONDAY	TUESDAY	WEDNESDAY	THURDAY

FRIDAY	SATURDAY	SUNDAY	MEMO

一切不是体形的错

MONDAY	TUESDAY	WEDNESDAY	THURDAY

FRIDAY	SATURDAY	SUNDAY	MEMO

一切不是体形的错

MONDAY	TUESDAY	WEDNESDAY	THURDAY

FRIDAY	SATURDAY	SUNDAY	MEMO
			- - - - - - - - - - - - - -
			- - - - - - - - - - - - - -
			- - - - - - - - - - - - - -
			- - - - - - - - - - - - - -
			- - - - - - - - - - - - - -
			- - - - - - - - - - - - - -
			- - - - - - - - - - - - - -
			- - - - - - - - - - - - - -
			- - - - - - - - - - - - - -
			- - - - - - - - - - - - - -
			- - - - - - - - - - - - - -
			- - - - - - - - - - - - - -
			- - - - - - - - - - - - - -
			- - - - - - - - - - - - - -

一切不是体形的错

MONDAY	TUESDAY	WEDNESDAY	THURDAY

FRIDAY	SATURDAY	SUNDAY	MEMO
			- - - - - - - - - - - - - -
			- - - - - - - - - - - - - -
			- - - - - - - - - - - - - -
			- - - - - - - - - - - - - -
			- - - - - - - - - - - - - -
			- - - - - - - - - - - - - -
			- - - - - - - - - - - - - -
			- - - - - - - - - - - - - -
			- - - - - - - - - - - - - -
			- - - - - - - - - - - - - -
			- - - - - - - - - - - - - -
			- - - - - - - - - - - - - -
			- - - - - - - - - - - - - -

为珍惜自己而该做的N件事

❀ 今天睡了一个好觉。

Mon	Tue	Wed	Thu	Fri	Sat	Sun
♡	♡	♡	♡	♡	♡	♡
♡	♡	♡	♡	♡	♡	♡
♡	♡	♡	♡	♡	♡	♡
♡	♡	♡	♡	♡	♡	♡

❀ 今天的胃袋得到了满足。

Mon	Tue	Wed	Thu	Fri	Sat	Sun
♡	♡	♡	♡	♡	♡	♡
♡	♡	♡	♡	♡	♡	♡
♡	♡	♡	♡	♡	♡	♡
♡	♡	♡	♡	♡	♡	♡

今天至少开怀大笑了一次。

Mon	Tue	Wed	Thu	Fri	Sat	Sun
♡	♡	♡	♡	♡	♡	♡
♡	♡	♡	♡	♡	♡	♡
♡	♡	♡	♡	♡	♡	♡
♡	♡	♡	♡	♡	♡	♡

今天没有带着负能量过夜。

Mon	Tue	Wed	Thu	Fri	Sat	Sun
♡	♡	♡	♡	♡	♡	♡
♡	♡	♡	♡	♡	♡	♡
♡	♡	♡	♡	♡	♡	♡
♡	♡	♡	♡	♡	♡	♡

为珍惜自己而该做的N件事

❀ 今天听到了好听的音乐 / 读到了感人的文字。

Mon	Tue	Wed	Thu	Fri	Sat	Sun
♡	♡	♡	♡	♡	♡	♡
♡	♡	♡	♡	♡	♡	♡
♡	♡	♡	♡	♡	♡	♡
♡	♡	♡	♡	♡	♡	♡

❀ 今天的穿搭很合自己的心意。

Mon	Tue	Wed	Thu	Fri	Sat	Sun
♡	♡	♡	♡	♡	♡	♡
♡	♡	♡	♡	♡	♡	♡
♡	♡	♡	♡	♡	♡	♡
♡	♡	♡	♡	♡	♡	♡

今天拥有完全属于自己的时间（即便熬夜也算）。

Mon	Tue	Wed	Thu	Fri	Sat	Sun
♡	♡	♡	♡	♡	♡	♡
♡	♡	♡	♡	♡	♡	♡
♡	♡	♡	♡	♡	♡	♡
♡	♡	♡	♡	♡	♡	♡

今天寻常寡淡但平安无事地度过了。

Mon	Tue	Wed	Thu	Fri	Sat	Sun
♡	♡	♡	♡	♡	♡	♡
♡	♡	♡	♡	♡	♡	♡
♡	♡	♡	♡	♡	♡	♡
♡	♡	♡	♡	♡	♡	♡

为珍惜自己而该做的N件事

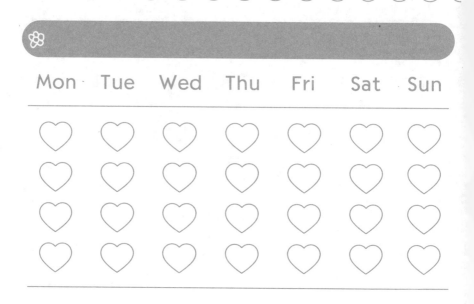

Mon	Tue	Wed	Thu	Fri	Sat	Sun
♡	♡	♡	♡	♡	♡	♡
♡	♡	♡	♡	♡	♡	♡
♡	♡	♡	♡	♡	♡	♡
♡	♡	♡	♡	♡	♡	♡

Mon	Tue	Wed	Thu	Fri	Sat	Sun
♡	♡	♡	♡	♡	♡	♡
♡	♡	♡	♡	♡	♡	♡
♡	♡	♡	♡	♡	♡	♡
♡	♡	♡	♡	♡	♡	♡

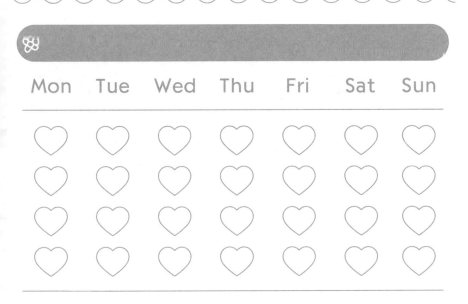

Mon	Tue	Wed	Thu	Fri	Sat	Sun

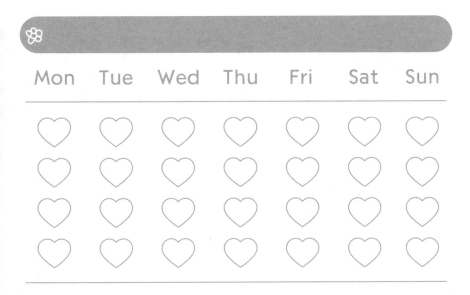

Mon	Tue	Wed	Thu	Fri	Sat	Sun

为珍惜自己而该做的N件事

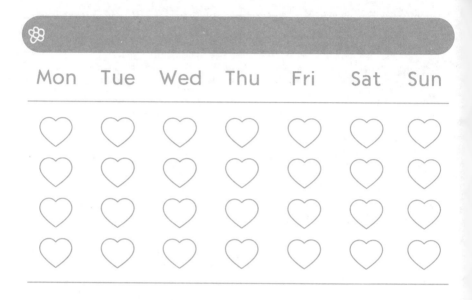

Mon	Tue	Wed	Thu	Fri	Sat	Sun
♡	♡	♡	♡	♡	♡	♡
♡	♡	♡	♡	♡	♡	♡
♡	♡	♡	♡	♡	♡	♡
♡	♡	♡	♡	♡	♡	♡

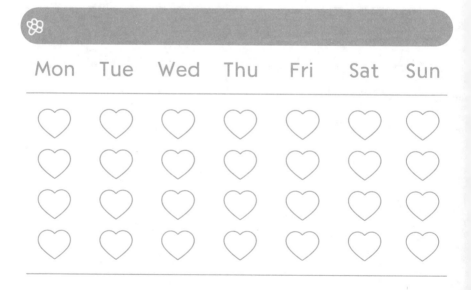

Mon	Tue	Wed	Thu	Fri	Sat	Sun
♡	♡	♡	♡	♡	♡	♡
♡	♡	♡	♡	♡	♡	♡
♡	♡	♡	♡	♡	♡	♡
♡	♡	♡	♡	♡	♡	♡

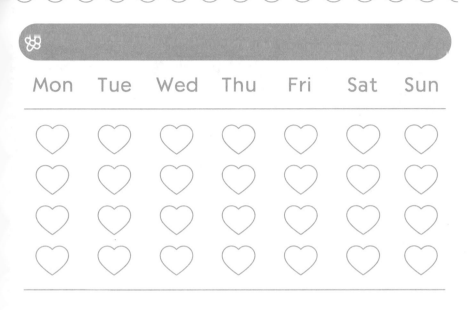

Mon	Tue	Wed	Thu	Fri	Sat	Sun
♡	♡	♡	♡	♡	♡	♡
♡	♡	♡	♡	♡	♡	♡
♡	♡	♡	♡	♡	♡	♡
♡	♡	♡	♡	♡	♡	♡

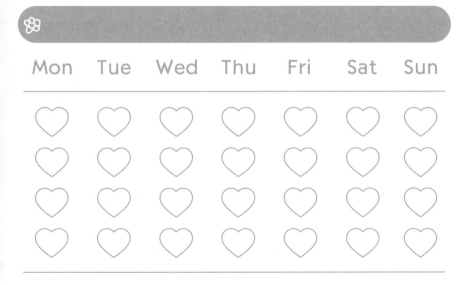

Mon	Tue	Wed	Thu	Fri	Sat	Sun
♡	♡	♡	♡	♡	♡	♡
♡	♡	♡	♡	♡	♡	♡
♡	♡	♡	♡	♡	♡	♡
♡	♡	♡	♡	♡	♡	♡

（不管多细小）**记下你喜欢自己的点**

-
-
-
-
-
-
-
-
-
-
-
-

（不管多细小）**记下你喜欢自己的点**

- _____
- _____
- _____
- _____
- _____
- _____
- _____
- _____
- _____
- _____
- _____
- _____
- _____

（不管多细小）记下你喜欢自己的点

- _____
- _____
- _____
- _____
- _____
- _____
- _____
- _____
- _____
- _____
- _____
- _____
- _____

（不管多细小）记下你喜欢自己的点